你的形象
决定你的价值

罗金 ◎著

YOUR IMAGE
DETERMINES
YOUR VALUE

中华工商联合出版社

图书在版编目（CIP）数据

你的形象决定你的价值 / 罗金著. —北京：
中华工商联合出版社，2017.6（2024.1重印）
　ISBN 978-7-5158-1982-2

　Ⅰ. ①你… Ⅱ. ①罗… Ⅲ. ①个人-形象-设计-通
俗读物 Ⅳ. ①B834.3-49

　中国版本图书馆CIP数据核字（2017）第079584号

你的形象决定你的价值

作　　者：	罗　金
责任编辑：	吕　莺　张淑娟
装帧设计：	芒　果
责任审读：	李　征
责任印制：	迈致红
出版发行：	中华工商联合出版社有限责任公司
印　　刷：	河北浩润印刷有限公司
版　　次：	2017年8月第1版
印　　次：	2024年1月第2次印刷
开　　本：	710mm×1000mm　1/16
字　　数：	250千字
印　　张：	15
书　　号：	ISBN 978-7-5158-1982-2
定　　价：	68.00元

服务热线：010-58301130
销售热线：010-58302813
地址邮编：北京市西城区西环广场A座
　　　　　19-20层, 100044

http://www.chgslcbs.cn
E-mail:cicap1202@sina.com(营销中心)
E-mail:gslzbs@sina.com(总编室)

前　言

一

心理学家指出，人在交往过程中，他人对你的评价，主要取决于最关键的第一分钟，至少是前30秒。

初次与人见面时，留给他人的第一印象至关重要，而且这种印象很有可能在对方的头脑中定格。第一印象的好坏，通常会对人际关系构成极大的影响。

一个良好的形象，会带给自己信心和力量。可是，如果你穿错了衣服、系错了领带，如果你头皮屑"满天飞"，如果你的指甲里塞满了泥垢，如果你谈吐粗鲁，如果你用力开关车门……那么，你在别人心目中的形象会一落千丈。

保持良好的自我形象，既是尊重自己，更是尊重别人。

好形象对人而言，可以增强人的自信心，能够使人较容易地赢得他人的信任和好感，从而得到他人的帮助和支持。

所以，外在形象是让内在得以与外界沟通的桥梁，唯有恰如其分的外在形象，方能将一个人的内在涵养准确无误地表现出来。

既然如此，何不保持良好的外在形象，让你的真才实学得以彰显，同时也让你杰出靓丽的外表与充满魅力的内在互相辉映，甚至在第一眼就赢得别人的信赖与器重，建立良好的人际关系呢？

二

每个人都有其独特的形象，每个人的形象给人的感受也不同。

有的人给人感觉光芒四射，有的人给人感觉猥亵不堪。

英气、豪气、书生气、市侩气、江湖气……形象，是一个人的标签，人们可以从你的言谈举止、仪表仪态等方面来判断你的职业、社会地位和个人修养。

换句话说，良好的形象很可能会带来好前程。

那么，到底怎样才算是良好的形象呢？

也许，你觉得自己年轻聪明、能言善辩，但没准在对方看来你是年少轻狂、啰里啰唆；也许你觉得自己精力充沛、永不疲倦，可是对方却更喜欢成熟稳重、懂得劳逸结合的人；也许你觉得自己才高八斗、学富五车，对不起，人家偏偏觉得你是目中无人、骄傲轻狂……

所以，想要给他人树立良好的形象，首先要正确认识良好的形象。

从心理学的角度来看，形象是人们通过视觉、听觉、触觉、味觉等各种感觉器官在大脑中形成的关于对某种事物的整体印象，简言之，就是各种感觉的再现。

良好的形象，展现给人的是自信、有尊严和实力。它不仅仅反映在给别人的视觉效果中，同时也能唤起人内在沉积的优良素质，再通过谈吐、言行等使人表现出一个成功者的魅力。

三

形象，并不是简单地指穿衣打扮和外表长相，而是指一个人的全面素质，良好的形象可以在人际交往中给别人留下深刻的印象，促进交往顺利进行。

越来越多的人已认识到个人形象的重要性，深知形象的好坏是影响成功的重要因素。搞好个人形象的根本途径就是要由内而外地提高个人素质与修养，处理好人际关系，在与人交往时能使人喜悦，让人接受，使自己能顺利地达到目的，从而获得成功。

人人都希望自己活得潇洒，但潇洒需要资本；

人人都希望自己生活得幸福，但幸福需要奋斗；

人人都希望自己能够拥有美丽的人生，但美丽的人生需要追求。

……

良好的形象是与人交往时最有说服力的个人名片，经营好自己的事业与人生，就从建立良好的个人形象开始吧！

Your image
determines
your value

目　录

第三章 气质形象：知书达理，修炼你的内涵　　/ 37

人是需要不断地充电的。社会在不断发展前进，如果你不提升自己，那么就容易被社会淘汰。只有不断地充实自己，提升自身的气质和内涵，才能让自己赢得一个好形象。

第四章 谈吐形象：妙语连珠，让人如沐春风　　/ 63

一言可以兴邦，一言可以救国。同样的意思，用不同的表达方式，给对方的感觉就会完全不同。在与人相处中，如果只知道埋头做事，不懂得怎么说话，即使你待人再怎么真心，做事也还是有可能"事倍功半"。

第五章 个人形象：打造专属于你的"气场" / 83

富兰克林说："宝贝放错了地方便是废物。"人认清自己的优势和长处相当重要，把自己安排在合适的位置上，才能打造出专属于你的"气场"，从而经营出专属于你的有声有色的人生。

第六章 社交形象：以优秀的个人品质赢得朋友 / 111

在他人的心中播下关怀的种子，收获的可能就是事业上的回报。一个人如果只关心自己，便很难获得他人的关心和尊敬。要成为受人敬重的人，必须将自己的注意力从自己身上转到别人身上去。

第九章　商务形象：善解人意，随机应变　　/ 187

很多职场人能够受客户欢迎，赢得客户的信赖，不在于他们有什么为人处世的秘诀，而是因为他们能想客户所想，急客户所急，能够满足客户的需要，因此常给客户留下善解人意的商务形象。

第十章　领导形象："恩威"并施，构建你的魅力　　/ 205

要成为合格的领导者，除了要在外表上包装自己，还要注重魅力的修炼，使自己具有自律、宽容、诚信等良好的品行。如此，才能树立起良好的领导者形象。

Your image
determines
your value

第一章

自身形象：走进他人心灵的通行证

......

良好的形象，不仅能使自己提升
自信心，也能给别人带来美的视觉享
受，给人留下美好的印象，使自己办
起事来信心十足，顺水顺风。

......

良好的仪表是最基本的修养

良好的仪表犹如一篇由关系密切、却又成对比的乐章所组成的交响曲，基础主要贯穿全曲，使得每一乐章都截然分明，却又一脉相承。

美国心理学者雷诺·毕克曼做过一个有趣的实验。

他在纽约机场和中央火车站的电话亭里，在任何人都可以看到的地方，放了10分钱，等到一有人进入电话亭，约2分钟后他便派人敲门说："对不起我在这里放了10分钱，不知道你有没有看到？"结果退还硬币的比率，询问者服装整齐的占77%，而询问者衣着不讲究的占38%。进入电话亭里的人在被服装整齐的人询问时，可能会察觉服装整齐的人要跟自己说很重要的话；而面对衣着不讲究的人，在不想接触的念头下，不想去理会对方的质问，所以根本没有听清楚对方说的话，就开口回答"不"，企图驱赶对方。

俗话说，人靠衣装马靠鞍。一匹马配不同的马鞍，其骑着的效果大不相同，而一个人所穿的衣服也会体现出自身的品位及内涵。由此可见，包装对于一个人来说非常重要。

在日常生活中，我们常常听到这样的劝告：不要以貌取人。但是经验告诉我们，人是很难不以貌取人的。俗话说：爱美之心，人皆有之，人们对美的认识，很多时候是从他人给我们的第一印象中产生的，人的仪表恰好承担了这一特殊的"任务"。

1960年，在尼克松与肯尼迪的总统之争中，年轻、英俊、风流倜傥的肯尼迪浑身散发着领袖的魅力，他看起来坚定、自信、沉着，不仅能够影响美国的政坛，而且能平衡世界的局面。当他提出"不要问国家能为你做什么，问一问你能为国家做什么"的口号时，却在以"自我"为中心的国度里激起了美国人民上下一片的爱国热潮。他不仅满足了美国人梦中理想的领袖形象，而且几乎创立了领袖形象的最高标准。

1980年与里根竞选总统的杜卡基斯，无论是外表还是声音，无论演讲还是表演，在英俊、高大、富有感召力的里根的衬托对比下，越发显得"不像个领袖"，因而落选。而演员出身的里根用自己的微笑、声音、手势、着装等，表现出了一个具有迷人魅力的领袖形象，从而掩盖了他在其他方面的不足。

几十年过去了，肯尼迪的形象一直让人难以忘怀，使很多政治家黯然失色。后来，克林顿再度让美国人民旧梦重温。受到肯尼迪的影响，克林顿从小立志从政，他以肯尼迪为榜样，仪态、举止处处符合美国人渴望的总统形象，后来他终于成为美国总统。在克林顿身上有着肯尼迪的影子。尽管他后来丑闻缠身，但他几乎每次都能安然渡过难关，使人们一次次原谅他的错误。

由此可见，外在形象对于人的事业具有很大的影响。对于经常出现在正式社交场合的人来说，仪表至关重要。质于内而形于外，文化修养高、气质好的人，懂得如何修饰自己的形象。仪表端正体现了一个人的修养、品位及格调，也是对他人和周围环境的尊重。

人们往往会根据你的服饰、发型、手势、声调、语言等判断着你。无论你愿意与否，你的一举一动都在给别人留下印象，这个印象在工作中影响着你的升迁，影响着你的商业交易，在生活中影响着你的人际关系。所以，保持良好的仪表形象至关重要，这是你开启成功大门的第一步。

......

第一印象至关重要

也许你还不知道，你只有10秒钟的时间给别人留下自己的第一印象。你会认为这不公平，你需要更多时间来向别人展示最真实的自己。这也许不公平，却是不可改变的事实。

第一个独自飞越北大西洋的人叫什么名字？查尔斯·林德伯格，对吧？那么，第二个独自飞越北大西洋的人叫什么呢？

第一个在月亮上行走的人叫什么名字？很多人都知道是尼尔·阿姆斯特朗。第二个做这壮举的人又姓甚名谁？

世界上最高的山峰叫什么？珠穆朗玛峰，对吗？世界第二高峰叫什么？

......

在人们的头脑中，往往是很多个"第一"，而且很难从记忆里将其抹掉。

因为第一印象具有鲜明、深刻等特点，因此，第一印象的好坏直接关系到交往能否顺利进行。

1962年，在英国伦敦一位著名贵族举办的豪华宴会上，一名中年男子出尽了风头，他优雅的举止、得体的言谈，不但令在场的所有女士都对他倾心，而且所有男士也都对他产生了极大的兴趣和好感。人们私下里相互打听，都想认识他，并和他成为朋友。而那位男子，在这次宴会上也收获颇丰，不仅签下了40多单生意，还找到了他的终身伴侣。

这名男子就是当时英国著名的房地产新秀柯马·伊鲁斯。

他凭借自己优秀的形象，几乎征服了伦敦的整个上流社会，随后，金钱和好运向他滚滚涌来。

其实在12年前，柯马·伊鲁斯就来过伦敦，并出席了一个由商会举办的小型宴会。

那时的柯马·伊鲁斯还是个小人物，经营着一家小水泥厂，整天勤奋地忙来忙去，根本无暇顾及自己的形象。为了扩大生意，他千方百计弄到了一张商行宴会的邀请信，想混进去多结交一些人。可他一进入宴会大厅，就立即知道自己走错了地方。大厅装饰得金碧辉煌，男士们个个西装革履、彬彬有礼，女士们也都华衣锦服、温文尔雅，柯马·伊鲁斯低头看看自己，穿着一身满是补丁且有着厚厚油污的工作服，脚上是一双大胶鞋，头发杂乱，简直像个乞丐。这时几位女士过来了，故意将酒洒在他身上，并趾高气扬地给他小费。侍从过来询问他，他讲明自己的身份，可是没人相信，而他想请一个认识他的人作证时，那个人不但不承认认识他，而且说他是路边的鞋匠，于是他被当成混进来的鞋匠赶了出去。

怒火平息之后，柯马·伊鲁斯开始思考自己为什么会受到这种待遇。自然，凭他的聪慧，一下子就想明白了。

他回到家后的第一件事就是参加了一个礼仪培训班，并高薪聘请了私人形象顾问。从此，他时刻注意保持着良好的形象，在人际交往方面越来越顺利，生意也越做越大。

由此可见，要给对方留下美好的第一印象，首先应注意自己的仪表和言谈举止。仪表包括衣着、发型等。一个经常参加社交活动的人，其衣着应符合自己的身份，并要根据自己的年龄、身材来决定服装的样式与色彩，做到贴身、整洁、美观、大方。发型则要考虑自己的脸型、职业及时令，以自然端庄为佳。

在人际交往中，优雅的举止能使人较快获得他人信任，能起到促进交际顺利进行的作用。举止不当会被人认为缺乏修养，没有风度，会影响自身的形象塑造，甚至引起对方不快，不利于社交顺利进行。

在第一次与人会面时，首先要举止大方，这是自尊心、自信心的一种正确表现。举止大方、动作洒脱，给对方的形象是开朗、坦率，从而使对方乐于与你交往。但大方不能过头，还应该稳重，举止稳重能让对方感到踏实放心，觉得你是可以信赖的，心灵的大门也就愿意对你打开。

在社交中，由于交际双方都处于平等地位，因此第一印象的好坏不仅与交际者本人的容貌举止、应酬答对有关，还与对方的性格特征、年龄职业有关。这就要求在与人交往时要细心观察，注意体察对方的心理特征和性格爱好，做到一把钥匙打开一把锁。如对方反应迅速、活泼好动、善于交际，那么与之交谈时就要在大方稳重的基础上注意语言流利和谈吐幽默；倘若对方安静稳重、沉默寡言、反应缓慢，与之交谈时就不能大大咧咧、毛手毛脚，而宜推心置腹地谈心，谈话应含蓄文雅，表达准确。这样根据不同的对象采取不同的交际方法，容易使对方感受到你的真诚，从而给对方留下良好的第一印象。

第一印象在商场上尤其重要。因为商场上的交往不同于一般人际交往，大多数人在商场交际中都不愿浪费时间，不会去应付一些与生意无关的"把戏"，而且做生意的人大多比较谨慎，不可能一下子就建立亲密无间的关系。所以第一印象在商场上就显得特别重要，因为弄不好就会永远失掉商机。

好在第一印象可以人为掌控，你可以根据时间、地点、交际对象来创造环境和气氛，在别人心目中留下一种好印象。

一般说来，初次见面，要留下好印象得注意下面几点：

1.按照对方的习惯行事，不与对方的习惯发生冲突；

2.做对方喜欢的事，不做对方不喜欢的事；

3.正确对待别人的看法和观点，不强求别人接受自己的看法和观点；

4.向对方证明你是他喜欢打交道的那种人；

5.向对方证明你的举止言谈和对方最不喜欢的那类人没有共同之处。

这几条归纳起来，可以称为"一致原则""讨好原则""合作原则""期待满足原则"和"安全原则"。

显然，这"五项原则"对不同的人有不同的要求。想要给他人留下好印象并不容易，但并不是不可能，只要你摸清了情况，把握住对方的心理，就能管理好自己的言谈举止，给对方留下美好的印象。

......

看上去就要像个成功者

一个成功的形象，展示给他人的是自信、尊严、力量、能力，它不仅仅反映在给别人的视觉效果上，同时也会督促自己对自己的言行有更高的要求，将自身的优良素质，通过穿着、微笑、目光、握手等展现出来，让你浑身都散发出成功者的魅力。

有这样一个故事：

有一天，大哲学家亚里士多德参加宴会。那天宴会开始时他穿了一件普通的衣服出席，宴会主人不知道他是谁，对其十分冷淡。

于是，亚里士多德马上离开，换了一件崭新的皮大衣，重新回到宴会中。宴会主人的态度马上发生了变化，变得十分殷勤，他邀请的客人们也纷纷向亚里士多德表示敬意，过来向他敬酒。

亚里士多德眼见如此，马上脱下自己的大衣，拎着大衣说："喝酒吧，亲爱的'大衣兄弟'！"许多人都奇怪地看着他，亚里士多德说："你们不了解，我的'大衣兄弟'可是十分清楚，所有的礼节都是冲着他来的，他才是今天的客人。"

生活中，一个人的人际关系与自身形象有多大关系，似乎没有人能说得清。但是有一点大家都承认，那就是谁拥有更多的朋友、拥有良好的人际关系，谁获得成功的机会就更多。

同一件事情，为什么有的人能圆满、得体地完成，而有些人却费尽心思也办不成？这里虽有一些客观的因素，但也与一个人的人脉有一定的联系，那就是别人是否认可你，是否愿意帮助你，并与你合作。通常人们更乐意积极主动甚至倾全力去帮助那些自己认为值得帮助的人。成功者的形象能吸引更多的投资与帮助，这就和股市投资者常常投资那些看上去能涨的股是一样的道理。

一位华裔投资商曾对人说："我怎么也不能相信那个穿着旅游鞋、牛仔裤，头发如同干草，说话结结巴巴的小子会向我要500万美金的投资，他的形象和个人素养都不能让我信服他是一个懂得如何处理商务的领导者。"

个人形象对事业有着举足轻重的影响，良好的外表形象对事业的成功起着推波助澜的作用。对于企业的领导者和管理者来说，成功的形象能使自己掌控追随者的心理，有利于确立自己稳固的地位。对于追求成功的人来说，树立一个可信任、有竞争力、积极向上、有时代感的形象，可以使自己在群体中快速获取公众的信任，从而脱颖而出。

在人们的传统意识中，一个人穿着白大褂就容易被别人当成医生，穿着法官服就容易被认为是学识丰富又严肃认真的司法权威。一个身着运动服的人会使人感觉到青春和活力，而各种制服和民族服装无不被人们与某种特殊的形象气质联系在一起。

演员在拍戏时有一个有趣的现象：穿上正式演出服装之后的彩排总会让观众觉得演员的演技提升了一个档次，即使是业余的演员，穿起恰当的演出服装也会让他人和自己产生一种颇具专业演技的感觉。所以在穿衣打扮时，就要充分考虑到自己的职业需要，选择与自己身份相符的衣装。

一旦你的外表、你的穿着打扮给人留下深刻而良好的印象，许多契机就会自然而然地出现，也就有更多机会取得成功。

衣冠整洁——外表很重要

有这样一个非常有趣的现象：当某一个城市有大型车展或者顶级楼盘上市时，总是会吸引一些名流精英云集。越是对来宾身份要求苛刻，人们越是想要去参加。

一些人喜欢参加精英富豪聚集的"圈子"，即使自己私下已经被资金问题折磨得焦头烂额，也常常是装扮齐整，决不想让人看出破绽。这样包装自己，也许有"打肿脸充胖子"之嫌，但是，只要不侵害他人的利益，从另一个角度说也不失为一种好包装，要知道，生活中不会一帆风顺，参加一些活动，没准就能获取一些机会。

罗蒂克·安妮塔是英国著名的女企业家，她是美容小店连锁集团董事长，是家庭主妇创业成功的典范。

安妮塔出生于意大利移民家庭，父亲早逝，母亲经营一间小餐馆。安妮塔毕业于面向平民子女的牛顿学院，做过小学教师、国际机构工作人员，结婚后在英国南方小镇小汉普敦协助丈夫戈登开办小旅馆、小餐馆，事业不算成功，收入仅够维持生计。

安妮塔决定自己创业。结婚前，安妮塔曾到南太平洋旅行，对土著居民使用的以绿色植物为原料的化妆品产生了浓厚的兴趣，收集了不少天然化妆品配方。她认为天然化妆品，一定会比市场上流行的有化学成分的化妆品更受女性消费者欢迎。不过，当时的困难在于4000英镑的投入，最后她只能向银行贷款。

安妮塔带着两个女儿来到小汉普顿的一家银行，向银行经理诉说她的困境，说她急需开一间小店养家糊口，希望银行出于人道主义考虑，向她提供资金支持。经理认为银行不是慈善机构，拒绝了安妮塔的贷款要求。

但是，坚强的安妮塔没有绝望，她依然在不停地想办法。安妮塔思考了一番，一周后她穿上了特制的西服，俨然一幅商界女士的打扮，再次来到银行。她还准备了一大摞文件，包括可行性报告和房产凭据等。她在文件中把她筹划的小店描绘成世界上最好的投资项目，把自己美化成具有丰富经验的化妆品专业商界奇才。这次她改变了策略，用商场的游戏规则——越有钱的人越容易借贷，来与银行周旋。

那位银行经理因为一周前根本没有把安妮塔放在眼里，所以没有认真注意过她。她这次改头换面再来时，银行经理竟没有认出她来。安妮塔最后终于贷到4000英镑，这笔钱成为她的启动资金。

1976年3月27日，安妮塔的美容小店正式开张。由于此前《观察家报》报道了她开店的情况，结果该店一炮打响，顾客盈门，第一天的收入就达到130英镑。

此后安妮塔不断开设分店，走上了连锁经营的道路，她的小店变成了遍布全球的大企业。

一些失败者，是被机会的列车抛在后面的人。当他们发现别人手中握着名气、财富、地位，而自己始终两手空空的时候，不免对自己的能力产生怀疑。自卑的心理，使他们一直蹑手蹑脚地行事，小心翼翼地说话。长此以往，这种谦卑成了他们身上最深刻的烙印，即使有人想拉他们一把，也是以施舍者的面目而不是合作者的身份。

现代社会竞争激烈，人们通常喜欢结交成功人士，所以当我们需要外界的助力的时候，表现自己的困苦决不如展示自己的信心更有力度。

让人多留意你的光辉，然后你才有机会争取到别人的青睐和帮助，从而使得自己一步一步取得成功。

......

高雅的品味与金钱无关

一个人的长相是天生的，而品味则是后天培养的，它涵盖了一个人相貌之外的更多的东西，是一个人综合素质的体现。

品位高的人，优雅、精致、有情趣、有格调、有追求、有意义；品位低的人，生活随意、敷衍，粗鲁、低俗，对生活往往也没有多高的要求，得过且过。

要想成为有品位、有涵养的人，你就得真正地充实自己，让自己全方位地成长起来，成为受人欢迎的魅力四射的人。

一个人的外表容易修饰，只需要稍加用心就可以了。但想提高内在的修养品味，那就得下一番功夫，多花时间去充实自己。如果你不断地去充实自己的内心，你会发现自己一天比一天睿智，一天比一天洒脱，一天比一天高雅。那么，你的魅力也就会不由自主地展现出来，慢慢成为受人欢迎的人。

有一个男孩，出生于农村，家庭条件并不富裕，他把所有的心思都花在了学习上。在学校里，他永远只穿一件灰色的外套和黑得发白的牛仔裤，而且不爱说话。同寝室的人参加联谊活动，也从来不叫上他。因为怕他影响了整个寝室的形象。

毕业后，他找到了一份计算机程序员的工作，他工作很卖力，报酬也十分丰厚。尽管手头上已经宽裕了，但他仍不懂得打扮自己，不舍得多花一分钱在自己身上。在学校时穿的那套"古董"衣服，仍然套在身上。

他对自己的吃、穿、住、用，没有任何要求，他几乎永远是吃最差的，用最差的，穿最差的。同事们对他的印象，不是"看起来笨笨的样子"，"好像有点脏兮兮的"，就是"头发上总是油乎乎的"。同事们都不愿意接近他，有的同事甚至觉得他很怪异。

有些人认为节省能使自己的生活更稳定，于是把当前的生活过得潦草而廉价。其实这是对生活没有信心的表现。

与那些挥霍无度的年轻人相反，有的年轻人则是毫无原则地节约，似乎每一项消费都会破坏他们心中的安全感。他们省吃俭用，不该花的钱不花，该花的钱也不花。这种人给人的印象就是吝啬、迂腐，甚至没有品位。

年轻，是奋斗拼搏的好时期，但绝不是说年轻就不能享受生活。当然，有品位的生活也绝不等同于挥霍腐败的生活。可能有的人会认为培养高雅的品位、过优雅精致的生活需要大量金钱的支撑，所以便想先赚了钱再提高品位，认为有钱人才有权谈品位。

其实，完全不是这么回事。的确，有钱人更容易获得高标准的物质和精神生活，但是品位跟金钱却没有绝对的关系。一个人的品位并不是由他的财富决定的，而是取决于他所受的教育、他的生活观、他的性格和他所处的环境。就像一个人的穿着，并不在于有多么华丽，而在于搭配的恰当和得体。有的人虽然全身名牌，珠光宝气，但也会给人一种庸俗的感觉；有的人仅仅是简单的牛仔加T恤，却能穿出优雅的气质。

要提高自己的品位，首先需要增长见识，特别是提升文化方面的修养。不要把自己局限在自己的小圈子里，两耳不闻天下事。有空可以多泡泡图书馆，听听音乐会，参观名书画展、艺术品展览等。虽然这些活动你未必都感兴趣，但多参加能使你从优秀作品中汲取营养，开阔视野，丰富知识，陶冶情操，从而提高你的文化底蕴和文化修养，让你在不知不觉中受到文化洗礼，使自己的谈吐有内涵。

具体来讲，应该从以下几个方面多下功夫：

1.紧跟时尚，把握时代的脉搏。

穿着时尚的人能给人带来美感，但如果一个人穿着时尚，所谈论的话题却十分陈旧、老套，那也无法交到更多的朋友。所以，不仅要在服装上做时尚的代言人，也要让自己的知识随时更新，紧紧跟随时代发展的脉搏。

2.关注社会新闻。

关注新闻的似乎多是男性，女性其实也不应与社会脱节。你不能成为一个"一心只知家里事，两耳不闻窗外事"的人，否则很容易因为与他人没有共同话题而被人冷落。

3.关注生活，加强生活积累。

有的人在和别人谈话的时候，别人似乎不太爱听，那很有可能是因为他缺乏生活的积累，说的都是一些不着边际的话。所以，要想有好口才，给他人留下良好的印象，就要多加强生活积累。知识、阅历等都能丰富一个人的内心，这些"养分"是源泉，能逐步提升一个人的品位和内涵。

要想形象好，身体语言不可少

心理学家认为，一个人的身体语言是其内心状态的外在展示，它依这个人的情绪、感觉与兴趣而定。有时候，一个人的身体语言，要比成百上千句话更有分量。

身体语言也是语言的一种，它也是由单个"词语"构成的，这种"词语"就是一个又一个的身体信号，这些信号具有很强的示范性和引导性。这种通过身体传达出来的信号，比单纯的语言更有说服力和可信度。

其实，从你出现在别人的视线中，到你开口说话的这一段时间，你一直都在"表达"，只是并不是用嘴，人们能够从你的身体语言中发现很多信息。你的这些表现，会让对方在第一时间就做好应对你的准备，决定是否要听你说话。

因此，在开口之前、在交谈之中、在告辞之时，你要时刻注意自己的身体语言，及时向对方传达你对他的敬意与好感，暗示出你所要说的话的重要性。

尽管很多自然而然表现出来的身体语言不是凭自己的主观意识能够控制的，但这也不是说身体语言无法掌控，可以根据自己的想法，把身体语言加以改变，使之更利于人际交往。

当然，也不要把身体语言表现得太生硬，那样不但看上去比较单调，而且也会让对方觉得你举止可笑、有失礼节。

在和别人交流的时候使用身体语言，主要用于协助有声语言，更好地表达自己的思想和观点，因而必须适时、适当、正确地使用身体语言，不能夸张、轻浮。

首先，使用身体语言要自然。

自然是运用身体语言的基本要求。有的人说话的时候就像背台词，动作生硬、刻板、做作，就像木偶一样，这种身体语言会让人觉得别扭、不真实、缺乏诚意。在交谈的时候，应该表现自然，不能故作模样，这样才能得到他人的信赖。

其次，你的动作应该保持"大众化"。

举手投足一定要符合大众的生活习惯。如果搞得复杂烦琐、拖泥带水，甚至龇牙咧嘴、手舞足蹈，像是在演话剧一样，这样既会喧宾夺主，妨碍有声语言的正常表达，又会给人一种眼花缭乱的感觉，让人看不懂，不明所以。所以，在使用手势或者摆出某种姿态的时候，一定要杜绝不良的习惯动作，尽量雅观一些，那种无意义的、多余的手势，只会影响你和对方的正常交往。

再次，你要让自己的肢体动作表现得适宜、适度。

也就是说，你的动作要适量，不能分散对方的注意力，使其忽略了听你说话。如果你说话的时候动作太多，就不是在展现口才，而是在表演。另外，肢体动作还应该与说话的内容、情绪、气氛保持一致，绝对不要故作姿态、故弄玄虚，甚至"手"口不一。如果你拿着产品资料，递给对方，却让他看大屏幕，对方一定会被你搞得晕头转向、迷惑不解。

最后，在交谈的时候不要总是保持同一种姿态，而应该富有变化。

尽管有时候某些动作上的重复是必要的，如保持固定的坐姿、表情，以便能够重现或强调某些事情或者情绪，但如果一而再再而三地重复一种姿势、一种表情，会让你显得迟钝死板、单调乏味。因此，在与人交流的过程中，应该根据不同的谈话内容、情绪的变化，适当地变换动作和姿态，以表明你生动活泼，富有朝气和魅力。

在交谈的时候，你还应该注意一些身体语言的禁忌。

有一些不雅的动作、令人不舒服的坐姿或者具有攻击性的姿态，很可能会颠覆你的形象，让你前功尽弃。与人交谈时，最好不要双手环抱在胸前或者跷二郎腿；你可以看着对方，保持基本的眼神交流，但是不要像审问犯人一般死盯着对方不放；要跟对方保持一定的距离，双脚可以适当打开，不要紧闭，并放松双肩，这样会让你显得很有自信，不具有威胁性；当对方说话的时候，不要弯腰驼背，不然显得懒惰，要轻微点头微笑，保持身体微微前倾，以表示你对他说的话很感兴趣；坐的时候，不要表现得坐立不安、手足无措，否则会让对方觉得你过于拘束，或者有所隐瞒。

……

注重自律，好情绪才有好形象

成功者之所以成功，是因为他们总是不断反省，懂得自律。据哈佛商学院对120位成功人士的调查发现，这些人都注重自律。

我们不可能一生都一帆风顺，不可能每个人都对我们笑脸相迎。有时候，人难免会遭到他人误解，甚至嘲笑或轻蔑。这时，如果我们不善于控制自己的情绪，很可能损害人际关系，给自己的生活和工作带来很大的影响。所以，当我们遇到意外的沟通情景时，就要学会控制自己的情绪，轻易发怒无法解决任何问题。

有时候，一个人必须适当地控制自己，不能喜怒无常。不能很好地掌握自己情绪的人，往往要受到他人情绪或行为的影响。真正强大的人不会把自己的喜悲都表现在脸上，不会让内心的平静被繁杂的世事打破，不会让爱与哀愁左右自己的情感和行为，而是保持身心的和谐与放松。这样的人，有充分的自我控制能力。

善于自我控制，善于克制自己的感情，约束自己的言语，控制自己的行为，心理学上称"自制性"，或称"自制力"，这是意志品质的一个方面。

人常常不能正确识别事情的实质，即便是在冷静的时候，观察人或者事，也很难得到正确的答案，如果这时候受偏执的情绪的干扰，那就可能出现问题。有的人在自己混乱的情绪下做了错误的判断。

张伯苓是著名教育家，他长期担任南开大学校长，他责己严格，对学生的要求也是毫不放松。有一次上"修身课"的时候，他看到一位学生的手指被烟熏得焦黄，便指责他说："你看，吸烟把手指熏得那么黄，吸烟对青年人身体有害，你应该戒掉它！"但令他没想到的是，那位学生反驳道："您不是也吸烟吗？为什么又来说我呢？"张伯苓被问得说不出话来，憋了一会儿，就把自己的烟一撅两段，坚定地说："我不抽，你也别抽。"

下课以后，他又请同事将自己所有的雪茄烟全部拿出来，当众销毁，同事非常惋惜，舍不得下手。张伯苓说："不如此不能表示我的决心，从今以后，我跟同学们一起戒烟。"从那次以后，张伯苓就再也没有抽过烟。

控制自己，不是一件容易的事情，在人的心中总是存在着理智与感情的斗争。"做自己高兴做的事"，不顾一切地想要达到自己的目的，这并不真正是对人生和自由的追求。你应该有掌控自己的感情、控制自己行为的能力。一个人如果任凭感情支配自己的语言、行动，那就会变成感情的奴隶。不能自我控制，往往会使自己做出一些错误的举动。

一个人想要很好地自我控制，极其重要的一点就是不能放纵自己的欲望，如果为了寻求眼下的满足，而以牺牲未来为代价的话，那么这种代价所带来的损失可能永远不能弥补。所以，及时的自我控制是非常重要的。

自我控制，就是能合理地控制自己的情绪、行为、语言，就是不排斥他人不同的观点、意见、习性等，要做到自我控制，关键的一点就是要多思考，多包涵，充分运用求同存异的交际艺术，妥善地处理自己与他人的关系。在与别人交往、相处的过程中，你要时刻记住"求同存异"，学会尊重别人，如果你不允许别人与你不同，拒绝与他人在交往时求同存异，最终你会把自己孤立起来。

那么，人们应该怎样培养自己的自我控制能力呢？

很多人事情做不好，就是没能利用好时间。你应该把你计划要做的事，结合你的个人情况，做一个统筹的安排。不过这件事并不是那么容易，人们往往不明白自己要做哪些事，也不明白在什么时候、用多长时间来做某件事。如果把很多事和有限的时间充分地融合在一起，事情做好了，时间也没白白浪费，你就可选择工作、游戏或者休息。当我们能合理安排时间时，自己的一切也便随之改变。

富兰克林是18世纪美国著名政治家，在工作期间，他和沃茨印刷厂的管理员发生了一场误会。这场误会导致了他们两人之间彼此憎恨，甚至演变成激烈的敌对状态。这位管理员为了表现出他对富兰克林一个人在排版间工作的不满，把房间里的蜡烛全部收了起来。这种情形一连发生了几次，最后当富兰克林到库房里排版一篇预备在第二天晚上发表的稿子，在版桌前坐好时，却无论如何都找不到蜡烛。

富兰克林气得立刻跳了起来，他奔向地下室，将管理员痛骂了一顿，岂料管理员转过头来以一种充满镇静与自制的柔和声调说道："哎呀，今天你显得有些激动，不是吗？"

管理员的话就像一把锐利的短剑，一下子刺进富兰克林的身体。富兰克林赶紧逃离了库房。

当富兰克林回去把整件事情反省了一遍后，立即看出了自己的错误。坦率说来，他很不愿意采取行动来承认自己的错误。然而，富兰克林知道，他必须为自己刚才的行为向那个人道歉，如此内心才能平静。最后，他费了很长时间才下定决心，去了地下室，把那位管理员叫到门边说："我回来为我的行为道歉——如果你愿意接受的话。"管理员听后，脸上立即露出了微笑，他说："你用不着向我道歉，除了这四堵墙壁，以及你和我之外，并没有人听见你刚才所说的话。因此，不如从此我们就把这件事情忘了吧！"

在富兰克林的一生中，这件事情成为最重要的一个转折点。富兰克林说："这件事教育我，一个人除非先控制了自己，否则他将无法控制别人。"

生活中，要时时提醒自己自律，有意识地培养自律精神。比如，针对自身性格上的某一缺点或不良习惯，限定一个时间期限，集中纠正，这样会取得较好的效果。千万不要纵容自己，给自己找借口。对自己严格一点儿，时间长了，自律便成为一种习惯，一种生活方式，你的人格和智慧也会随之更完美。

第二章

道德形象：有高尚的品格才有高尚的形象

......

我国著名教育家陶行知先生说："千学万学，要学会做人。"我国古代圣贤也告诉我们：德高才能望重。高尚的形象源自高尚的德行，一个人只有先提升自身的道德素质，才会给人留下良好的个人形象。

......

失去道德标准，你将失去一切

古人云："道之以德""德者得也"。为人处世，要以道德来规范自己的行为。只有道德高尚的人，才能赢得别人的尊敬，从而广积人脉，促成事业的成功。一个人智商再高，但如果道德素质低下，便处理不好人际关系，无法获得事业上的成功。

社会提倡团队精神，人的一生需要他人的支持才能成功。如果把人生中的阻碍比喻成要爬越一面高大、光滑、没有什么东西可以成为支点的墙面时，若想获得成功就需要你的亲人、朋友以及其他的支持者，推你、助你、拉你、提携你，成为支持你的力量。只有这样你才能跨越人生之墙，获得成功。

可是很多人往往让自己的助力变成了阻力——如果德行高尚，那身边所有人都会是你的助力；如果德行有亏，你的助力就会变成阻力。

据史书记载，商纣王天生神力、异于常人，能够托梁换柱，倒拽九牛，徒手与兽搏斗。此外，他还天赋聪颖，才思敏捷，能言善辩。可见，我们印象中的"暴君"纣王，绝非传统意义上低智商的"昏君"。

以纣王的天资，本可治理好国家，创立惊天动地的伟业，与祖先商汤、盘庚、武丁等明主一并扬名后世。但令人遗憾的是，他的聪明才智未能用对地方。

纣王的昏庸具体表现在一系列缺乏德行的行为中：荒淫无度，宠信妖妃妲己，建造"酒池肉林"；凶残成性，创立炮烙、虿盆等多种残酷刑法；残害忠良，对自己的叔父比干施以"挖心"之刑……

总之，纣王的恶行罄竹难书，因而在周武王起兵伐商后，早已恨透纣王的平民和奴隶们纷纷倒戈。纣王见大势已去，便自焚身亡，商王朝也随之覆灭。

天时、地利、人和，这治天下的三大要素商纣王原来都拥有，但由于自己德行不够以致众叛亲离，国破家亡。可悲兮，应然哉！"德"是我们的立人之本，是我们成功道路上不可缺少的基石，拥有较高的德行才能拥有广大的人脉，为成功打好基础。

德行败坏的人往往会自食其果，隋炀帝杨广就是很典型的例子。

杨广是隋文帝杨坚的第二个儿子，年少好学，善诗文，著有文集55卷。开皇元年（公元585年），年仅13岁的杨广被封为晋王，做了并州的总管，拱卫京城。随后，杨广亲率军队统一国家，组织修建畅通国脉的京杭大运河，开拓、畅通丝绸之路，开创科举，修订法律。

不可否认，杨广的确才华出众。但有才的杨广却不免恃才傲物、我行我素，由于缺少道德监控和自我约束，导致他后来做出大逆不道的弑父篡位之举。成为皇帝后，他过度沉迷于享乐之中，无心治国，走上了荒淫无道、自取灭亡的不归路。

那些有才无德之人既让人痛恨，又让人觉得可惜。唐太宗说过："以铜为镜，可以正衣冠；以史为镜，可以知兴亡；以人为镜，可以明得失。"

其实，一个人是否能成才成功，智力因素占20%，而另外起作用的

80%是人格因素。良好的品德是人格的重要组成部分。如果忽略了品德修养和健康人格的构建，就容易德行有亏，失去人心，最终与成功无缘。

......

树立正确的价值观

当你面临选择时，价值观往往会影响你的决定和行动。你的价值观就是你人生的指南针，是引导你前进的探照灯。

公元前314年，秦惠文王欲发兵攻齐，因齐楚结盟而不能如愿。于是，秦王即派张仪赴楚游说，以"离齐楚之党"。张仪入楚，得知楚怀王的宠臣靳尚，"在王左右，言无不从"。于是先以重金贿于靳尚，然后去见楚怀王。张仪说："秦王派我来与贵国交好，可惜大王却与齐国通好，若大王与齐绝交，秦王愿把商于之地600里献给楚国。"贪利的楚怀王一听便动了心，他高兴地对张仪说："秦肯还楚故地，寡人何爱于齐？"此事遭到大臣陈轸的极力反对，已得利的靳尚却为之辩护说："不绝齐，秦肯与我地乎？"楚怀王遂以相印授张仪，并赐其良马、黄金。之后就与齐断交，同时派使臣随张仪去秦国接受商于之地。

张仪回秦都咸阳后，称病不出，等到离间齐楚之目的达到后，便向楚臣道出他的骗局，说献给楚怀王的土地是6里而不是600里。楚怀王因此而恼羞成怒，于公元前312年派10万大兵攻打秦国，结果兵败将亡，丢失楚地600里，真可谓，偷鸡不成蚀把米，贪利不得反失利。

《军谶》曰："香饵之下，必有悬鱼。"作战的双方，无不是为利而战，也就容易为利所惑。明智的人善于利用人的贪念，从而取胜。

正如《兵经百篇·法篇》所云："行兵用智，必相其利。"但利与害总是密切相连的，"智者之虑，必杂于利害"。因此，辩证地看待利与害，权衡利弊，趋利避害，既是领导者要注意的问题，更是决策者制订计划时应该把握的基本原则。一个优秀的管理者必须把握全局，对每一步计划都应兼顾利弊，在利思弊，在害思利，始终处于主动地位。而像楚怀王式的贪利之徒，见利忘义，必然为利所惑，成为"贪饵之悬鱼"。

有的人认为"金钱万能"，但是，过于看重金钱时是否意识到了这样的一个问题，人来到这个世界上不光是为了金钱。过分注重金钱，最终将会越陷越深，不能自拔。

建国是个刚毕业的大学生，专业知识很扎实，可是他求职却一直不顺利。万般无奈之下，他找到了自己的叔叔，请他向当地的一家知名化工企业的老板介绍一下自己，看能不能到该化工公司工作。

没过几天，建国的叔叔给他打来电话，说正在一家酒店和这位老板喝酒，让他赶紧过来跟老板见个面，老板现在也需要这样的专业人才，只要入了老板的"法眼"，工作这事就算定下了。

建国非常高兴，穿戴整齐，急匆匆赶到酒店，和叔叔、老板一起就座，老板问了建国几个化工方面的问题，建国胸有成竹，对答如流，老板似乎对建国非常满意。

宴会结束后，建国得意洋洋地等着公司给他打电话，可等了好几天依然没动静，建国等不及了，给叔叔打电话，问什么时候去上班。叔叔接了电话，告诉他那件事没希望了。老板不同意接收他。

"不同意接收？喝酒那天不是说得好好的吗？"建国愣了。

"这还不全怪你自己！"叔叔气冲冲地说，"还记得最后要的那瓶酒吗？"

"记得，可我也没有因为喝多酒失态啊？"建国奇怪地问。

"那瓶酒的酒盒里放着一个礼品打火机，是不是你拿了？"叔叔问。

建国点了点头，说："那个打火机也不是什么精品，根本就不值钱，他一个大老板怎么会缺这种东西？所以我就拿了。"

"问题就出在这里！"叔叔说，"老板说你这个人学问还行，就是太爱贪小便宜了，打火机一拿出来，你的眼睛就没离开过它，你既不抽烟，也不爱收藏打火机，但对打火机却那样专注，说明你是个贪小利的人，贪小利的人，他是不敢用的，将来万一别人给你点儿小恩小惠，没有人保证你不会背叛公司。"

那个打火机老板并不稀罕，但是建国对打火机的过分关注使老板对其产生了反感。所以说，逢光必沾、斤斤计较、爱贪小便宜的人往往是不受欢迎的。

摆正个人对金钱的态度，树立正确的价值观，不能因为一时贪小利而耽误自己的大好前途。树立正确的世界观和价值观，正确地对待利益和诱惑，才能正身修性，取得成功。

修德从孝亲尊师开始

百善孝为先，先哲孔子把"孝"放在一切道德的首位，视之为"立身之首""自行之源"。

孝敬父母是做人的基本要求，是关心他人、自觉上进、热爱祖国的前提。孝顺父母为孝道，尊敬老师为师道。但凡精忠报国、事业有成的人，大多听从父母善言，尊敬奉养父母，不忘父母的养育之恩。

不孝双亲、不敬师长的人往往结交不到真心的朋友，被人所厌弃。在古代，帝王选用良才时，首先就看其是不是孝子。人们认为：连对生养自己的父母都不孝，怎么会对君王尽忠呢？

现在不少人交朋友、找对象甚至聘用员工，都把"孝"作为条件之一。孝敬父母的人往往被视为品行高尚，在生活中正直可靠，在工作上忠于职守，敬业精神强，不易出乱子。

师道是以孝道为基础的，没有孝道就谈不上师道。反之，尊师也是尽孝的延伸。假若有人不尊敬老师，不听老师的教导，不提升自己的学识和品德，这也是对父母不孝，辜负父母的期望。

人们常把老师比作父母，正所谓"一日为师，终身为父"。老师关心、爱护、教育学生的慈善之心同父母对待子女的慈善之心是一致的，老师在教书育人的过程中，为学生付出的心血是无法估量的。

此外，无论是国家元首还是"将相重臣"，无论是政治家、军事家，还是科学家、艺术家，无论是企业管理者，还是普通员工，都离不开老师的精心培养和教导。

中国当代著名教育家魏书生说得好："世界上最希望一个人有作为的，最真心愿让别人超过自己的，除了他的亲生父母之外，就是他的老师了。""当老师的，即使是水平不高的老师，也都真心诚意地盼望自己的学生能德智体全面发展，做梦都想着自己的学生们进步了，成绩提高了，比赛得胜了，个个成才了。老师盼望每个孩子都好的心情是一点都不用怀疑的。"

可见，亲情与师情是天下最纯真之情。

人类区别于其他动物最根本的特征，就在于人能够高效地实施教育和接受教育，在教育中承先启后，继往开来，既学会做人，又学会做事。

作为学生，只有真正做到尊师敬师，才会自觉地接受教育，不断提升自己的能力，实现学有所得，学有所成。

反之，一个学生，不尊敬老师，不肯听老师的话，老师再有学问，再有能力，也没有办法将自身所学传授给他。就好比一个空瓶子，没有把盖子打开，就无法往瓶子里面装入任何物质一样。

一个人如果不尊师、不学习，即使有点小聪明，但大是大非是分不清的，因而也难有大智慧、大成就。此外，一个对老师非常尊敬的人，必定能够很好地尊重他人，关心他人，所以，尊师是做人的基础。

过去有一位云居大师，曾经说过人事上的八种"后悔"，其中，前两种后悔说的便是：

1.逢师不学去后悔。

知识难遇难求，良师给予我们的影响非常深远，有时良师的一番教导，就能够令人终身受用。像善财童子不辞艰苦去五十三参，赵州禅师活到80岁还行脚参访，都是因为"经师易得，人师难求"。如果遇到了人天师范，却不知道好好亲近学习，等到机缘流失，就只能徒然悔憾了。

2.事亲不孝丧后悔。

所谓"生前一滴水，胜过死后百重泉"。父母长辈在世的时候，不能承欢膝下、甘旨奉养，甚至百般忤逆，等到慈亲逝世了，纵然将身后事办得极尽风光体面，墓冢巍峨，又有什么意义呢？"堂上双亲你不孝，远庙拜佛有何功？"倒不如父母健在的时候，多尽一点孝心。

愿天下所有的人都能很好地孝敬父母、尊师敬师，并以此为基点，修身养德，培养高尚的德行，为自己赢得广大的人脉。

……

骄傲是阻碍进步的大敌

骄傲使人谴责那些自认为已经改正的缺点，同时使人蔑视那些自己不具备的好品性。骄傲易激起人的嫉妒之心，我们应当以正确的方法摒弃骄傲。

易骄之人总有骄傲的理由，一件新衣服，一个新发型，都能使其骄傲起来。

相传南宋时江西有一位名士傲慢之极，凡人不理。有一次他提出要与大诗人杨万里会一会。杨万里谦和地表示欢迎，并提出希望对方带一点江西的名产配盐幽菽。名士见到杨万里后开口就说："请先生原谅，我读书人实在不知配盐幽菽是什么乡间之物，无法带来。"杨万里则不慌不忙从书架上拿下一本《韵略》，翻开当中一页递给名士，只见书上写着："豉，配盐幽菽也。"

原来杨万里让他带来的就是家里日常食用的豆豉啊！那位名士面红耳赤，方恨自己读书太少，后悔自己为人不该太傲慢。

这个故事告诉我们一个道理：做人不能骄傲。有时我们批评别人太过骄傲，却看不到自己身上同样的品性，如果你自己没有骄傲之心，就不会觉得别人的骄傲是种冒犯。

有一个学者，学富五车，精通各种知识，所以自认为无人能与自己相比，很是骄傲。他听说有个禅师才学渊博，非常厉害，很多人在他面前都称赞那个禅师，学者很不服气，打算找这个禅师一比高下。学者来到禅师所在的寺院，要求面见禅师，并对禅师说："我是来求教的。"

禅师打量了学者片刻，将他请进自己的禅堂，然后亲自为学者倒茶。学者眼看着茶杯已经满了，但禅师还在不停地倒水，水溢出来，流得到处都是。"禅师，茶杯已经满了。""是啊，是满了。"禅师放下茶壶说，"就是因为它满了，所以才什么都倒不进去。你的心就是这样，它已经被骄傲、自满占满了，你向我求教怎么能听得进去呢？"

19世纪的法国名画家贝罗尼到瑞士去度假，但他并不是单纯的四处游玩，而是每天仍然背着画架到瑞士各地去写生。

有一天，贝罗尼正在日内瓦湖边用心画画，来了三位英国女游客，站在他旁边看他画画，还在一旁指手画脚地批评，一个说这儿不好，一个说那儿不对，贝罗尼没有反驳，还跟她们说"谢谢"。

第二天，贝罗尼有事到另一个地方去，在车站又遇到昨天那三位女游客，她们此时正交头接耳不知在讨论些什么。那三位英国女游客看到他，便朝他走过来，向他打听："先生，我们听说大画家贝罗尼正在这儿度假，所以特地来拜访他。请问你知不知道他现在在什么地方？"贝罗尼朝她们微微弯腰致意，回答说："不好意思，我就是贝罗尼。"三位英国女游客大吃一惊，又想起昨天不礼貌的行为，都不好意思地走开了。

骄傲会让人变得盲目，不思进取。骄傲能蒙蔽人的双眼，让人看不到眼前一直向前延伸的道路，让人觉得自己已经到达山峰的顶点，再也没有爬升的必要，而实际上可能只走到了山腰。

······

诚实是成功的基石

如果你是个诚信的人，同事和上司就会相信你。在任何情况下，他们都知道你不会掩饰、不会推托，也不会为自己的行为辩解，他们了解你说的是实话。

那些取得巨大成功的人都有许多共同的特点，其中之一就是诚实。

美国知名的房地产经营家乔治以诚实守信著称，大家都亲切地称他是"房地产大王"。乔治常对人述说他创业早期的一则故事。

当时他在伊利诺伊州担任房地产业务人员，有一栋房子由他经手出售，屋主曾经告诉他："这栋房子整个骨架都很好，只是屋顶太老，早就该翻修了。"

乔治第一天带去看房子的顾客是一对年轻夫妇。他们说准备买房子的钱有限，很怕超支，所以想找一幢不需要大修的房子。看完房之后，他们就喜欢上了它，特别是它的位置，想要马上搬进去住。这时，乔治对他们说："这栋房子需要花七千美元重新整修屋顶！"

乔治知道，说出这栋房子屋顶的真相，这笔生意可能就做不成。果然，这对夫妇一听到修屋顶要花这么多钱，就不肯买了。一个星期之后，乔治得知他们去找另外一家房地产交易所，花较少的钱买了一栋式样规模类似的房子。

乔治的老板听说这笔生意被别人抢走了，非常生气。他把乔治叫到办公室。老板对乔治的解释很不满意，更不高兴他替那对夫妇的经济条件操心。

"他们并没有问你屋顶的情况！"老板咆哮着说，"你没有责任说出屋顶要修，主动说这个情况是愚蠢的！你没有权利说，结果搞坏了事！"于是，老板便把乔治解雇了。

假如乔治不能正确认识这件事的话，他当时可能会想："我把实话告诉了那对夫妇，是做了一件傻事，我为什么要为别人操心呢？我再也不要那样多嘴，把佣金搞丢了。我可真笨！"

但是，乔治希望做个诚实的人——他受到的教育就是要说实话。他的父亲总是对他说："你同别人一握手，就算是签了合同，讲的话就得算数。如果你想长期做生意，就要讲公道。"乔治最关心的是他的信用，而不是钱。他当时虽然想把那栋房子卖掉，但绝不肯因此而损及自己的人格。即使丢掉了工作，他仍然坚信自己唯一的做事准则——就是把真相说出来。

乔治向他帮过忙的一位亲戚借了些钱，搬到了加利福尼亚州，在那里开了一家小房地产交易所。过了几年，他以做生意公道和说老实话出了名。这样做虽然使他丢了不少生意，但是人们都知道他靠得住。最后，他终于赢得好名声，生意做得风风火火，在全国各地设置了营业处。

一个人之所以能拥有很好的人脉，是因为他的人格魅力征服了身边的人，人们愿意与这样的人成为朋友。人们都希望能结交诚实、守信、道德高尚的朋友，而不喜欢与小人做朋友。有些人即使与我们偶尔相识，只有一面之交，也能引起我们的注意，这样的人通常拥有良好的道德品质。

台湾富商王永庆先生9岁丧父，16岁的时候在台湾南部嘉义县开了他人生第一家米店。王永庆的小店开张后没有多少生意，原因是隔壁的日本米店更具有竞争优势，而城里的其他米店又揽住了别的顾客。

于是，王永庆决定降价销售，以此来吸引顾客。可是当他把米价调到每斗比别人便宜一两块钱时，他的米店还是没有生意。只有一个人在他那里买米，这个人是他父亲以前的朋友。他对王永庆说："我之所以买你的米，不是因为你的价钱比别人便宜，而是我相信你父亲的为人。"

王永庆的米店遇到了极大的困难。他意识到，店里唯一的顾客是冲着死去的父亲而来的，这使他想通了一个道理，那就是：顾客买东西更在乎店主的为人，而不是价格。当时的大米加工技术比较落后，出售的大米掺杂着米糠、沙砾和小石头，买卖双方都是见怪不怪。可是王永庆当时却把他店里卖的所有的米中的米糠、沙砾和小石头挑得干干净净，每天他都要挑到凌晨一两点钟。这在当地引起了不小的轰动，一来二去，他的米店成为当地生意最红火的米店。

一个人在自己的事业发展中，如果能够像王永庆一样，拥有良好的德行，就等于为自己的事业打好了坚实的基础。

在社会生活中，人际关系常常表现为一种感情上的联系和心理上的相互吸引。无论是谁，在社会交往中德行越好，建立起来的人际关系就越稳固，他的朋友就越多，就越能使自己得到温暖、勇气，从而促进自己取得成功。

......

责任是生存的基础

社会学家戴维斯说："放弃了自己对社会的责任，就意味着放弃了自身在这个社会中更好的生存机会。"

我们在工作和生活中常常发现，往往是那些勇于承担责任的人，能够赢得老板的赏识，才有可能被赋予更多的使命，才有机会获得更大的荣誉。一个缺乏责任感的人，首先失去的是社会对自己的基本认可，其次会失去别人对自己的信任与尊重，甚至还会失去自身的立命之本——信誉和尊严。

有这样的一个故事：

动物园里有三只狼，是一家三口。这三只狼一直是由动物园饲养。为了使狼恢复野性，动物园决定将它们送回到森林里，任其自然生长。首先被放回的是那只身体强壮的狼父亲，动物园的管理员认为，它的生存能力应该比其他两只狼强一些。

过了些日子，动物园的管理员发现，狼父亲经常徘徊在动物园的附近，而且看起来很饿，无精打采。但是，动物园并没有收留它，而是将幼狼放了出去。

幼狼被放出去之后，动物园的管理者发现，狼父亲很少回来了。偶尔带着幼狼回来几次，它的身体好像比以前强壮多了，幼狼也没有挨饿的样子。看来，公狼把幼狼照顾得很好，而且自己过得也很好。为了照顾幼狼，狼父亲必须捕到食物，否则，幼狼就会挨饿。管理员决定把剩下的那只母狼也放出去。

这只母狼被放出去之后，这三只狼再也没有回来过。动物园的管理员想，这一家三口看来在森林里生活得不错。后来，管理员解释了这三只狼为什么能重返大自然生活。

"公狼有照顾幼狼的责任，这是一种本能，正是这种责任让两只狼的生活好了一些。母狼被放出去后，公狼和母狼有共同照顾幼狼的责任，而且公狼和母狼还需要互相照顾。这三只狼互相照顾，才能够重回自然，重新开始生活。"

由此可见，责任是生存的基础，无论是动物还是人。

责任确保了生命在自然界中的延续，责任也影响着一个人的工作绩效和生活质量。是高效能人士必备的一种素质。

著名管理大师德鲁克认为，责任是一名高效能工作者的工作宣言。在这份工作宣言里，首先表明的是你的工作态度：你要以高度的责任感对待你的工作，不懈怠，敢于承担工作中出现的任何问题。这是保证你的任务能够有效完成的前提。

没有做不好的事情，只有不负责的人。一个人责任感的高低，决定了他工作绩效的高低。当你的上司因为你的工作很差劲而批评你的时候，你首先问问自己，是否在用尽全力做这份工作，是不是一直以高度的责任感来对待这份工作？一个高效能的人是不会在工作中交一份白卷的。

责任感是我们在工作中战胜种种压力和困难的强大的精神动力，它使我们有勇气排除万难，甚至可以把不可能完成的任务完成得相当出色。一旦失去责任感，即使是做自己最擅长的工作，也会做得一塌糊涂。

一个拥有责任感的人，往往具备以下三个特征：

1.拥有责任感的人具备一种主动承担责任的精神。

2.拥有责任感的人，会为他所做的事情付出心血、付出劳动、付出代价，会为实现一个尽善尽美的目标付出自己的全部努力。

3.拥有责任感的人做事会善始善终。

有责任感的人懂得责任意味着承担，意味着付出。在做事过程中出现危机，而仍然不放弃责任的人，才是真正拥有责任感的人；当情况于己不利，自己有可能付出代价，而勇于将事情进行到底的人才是真正有责任感的人。

第三章

气质形象：知书达理，修炼你的内涵

......

人是需要不断地充电的。社会在
不断发展前进，如果你不提升自己，
那么就容易被社会淘汰。只有不断地
充实自己，提升自身的气质和内涵，
才能让自己赢得一个好形象。

......

腹有诗书气自华

　　"腹有诗书气自华"，读书能使人心胸开阔、气质高雅、形象清俊、品格升华，能极大地提高人的社会形象。

　　一个人要成功，所掌握的知识非常重要。只有多读书，才能让我们在生活和工作时，有足够的知识储备供我们随意提取，不仅可以助我们的事业百尺竿头更进一步，还可以交到更多的朋友，积累丰富的人脉。

　　有一位张董事长，年轻时从事汽车代理业务工作，积累了1亿元人民币的财富。后来他改行经营大型百货超市，财富不断翻番，60多岁时，他的资产已经近60亿元人民币。

　　当别人请教他的成功秘诀时，他只是淡淡地说："赚钱其实很简单。我的秘诀就是多读书，不断补充知识，学习、学习、再学习。我的办公室书桌上，永远都会有几本书供我翻阅。"

　　有一次，他去一家工厂谈判，这家企业的总裁是位四十多岁的荷兰人。他跟这个总裁聊天，聊到最后，他就问荷兰总裁："总裁啊，你是喜欢打高尔夫球？还是喜欢游泳？还是慢跑？或者其他的嗜好？"

　　荷兰总裁说："所有的成功者都是阅读者，所有的领导者都是阅读者，因此，我最喜欢的当然就是阅读。"

　　对方一讲到阅读，张董事长就来了兴致，因为他本人也非常喜欢读书。后来他就问这个荷兰总裁："那你最喜欢读哪一方面的书籍？"

荷兰总裁说："我最喜欢研究中国的哲学。"张董事长就接着问他："你最喜欢读谁的书籍？"他说："我最喜欢读老子的。"张董事长问："你喜欢读老子的什么书？"对方说是《道德经》。恰巧张董事长对老子的著作颇有研究，对老子的哲学理念有非常透彻的理解，于是双方谈得越来越投机。

荷兰总裁对张董事长的学识非常折服，甚至还要拜他为义父，这个合约自然也签下来了。

很多成功人士总是利用各种机会来阅读，获得用来帮助自己更快地实现目标的方法。因为他们知道，如果能在某一时刻运用到某一个关键知识，所产生的效果非同一般。这些知识将会为他们节约大量的金钱和时间。

"好书悟后三更月，良友来时四座春。"捧一本好书，品一杯香茗，曾是很多人闲暇之余最爱做的事。然而，近年来，随着生活节奏加快、工作压力加大以及网络等新兴媒体的崛起，曾经那个渴望读书的时代，仿佛一去不复返了。很多人有时间逛街购物，有时间泡网络，有时间追电视剧，却唯独没有了时间去读书。

每天为生活而打拼时，其实最不能忘的还是读书，没有源源不断的知识动力和精神支撑，我们拿什么去面对竞争呢？只有读书，你才能融入时代的潮流，跟上社会发展的节拍，才会激情洋溢地投身于你的工作之中。

只有读书，才能够不断地提升自身素质，才能具有良好的精神境界。阅读虽不能改变人生的长度，但它可以改变人生的宽度，阅读不能改变人生的物相，但它可以改变人生的气象。

人这一生无法什么都体验一遍，但通过读书可以间接地了解人生，用前人的经验充实自己。前人把知识转换为文字，供后人阅读、汲取文字中的营养，使我们今天能够少走弯路，少走错路。

宋代著名学者陆九渊曾说："为学患无疑，疑则进。"读书既要有大胆怀疑的精神，又要有寻根究底的勇气，更要有科学认真、严谨踏实的态度，如此才能真正有收获。就如孟子所说："尽信书，则不如无书。"孟子的话，就是告诫我们不要迷信书本，对于书中所言，不仅不要轻信，还要多问几个为什么，仔细进行一番甄别和思考。

读书做学问，怕的不是有疑难，而是终日读书却没有疑问，书上说什么就信什么，这样是不会有进步的。知识并不等同于智慧，要使自己真正成为有智慧的人，必须勤于思考。现实中的"书呆子"只因书读多了，思维能力渐渐丧失，结果只知按照书本办事，自然就成了"书呆子"。

所以，书读得太多，如果不懂得消化，那么读书也失去了意义。所以，在开卷而读后，要掩卷而思。这也恰如梁启超在《清代学术概论》中所言："盖无论何人之言，决不肯漫然置信，必求其所以然之故。"古人曾这样总结："读书贵能疑，疑乃可以启信。读书在有渐，渐乃克底有成。"

没有怀疑就没有超越，没有怀疑就没有创造。怀疑是一种基本的读书态度，也是一种勇敢的读书精神。读书时，要对书中的知识敢于怀疑，认真分析，这样才既能进入书中，又能跳出书外；既不盲目信古，也不轻信新学说。尤其是不能人云亦云，要敢于批判扬弃。

数学家华罗庚在休息之余爱读唐诗。他不光是读，还常提出疑问。唐朝诗人卢纶有一首《塞下曲》："月黑雁飞高，单于夜遁逃。欲将轻骑逐，大雪满弓刀。"他读这首诗时，心中觉得纳闷：群雁在北方下大雪时早已南归了，即使偶有飞雁，月黑又如何看得清呢？于是就作五言诗质疑："北方大雪时，雁群早南归。月黑天高处，怎得见雁飞！"此诗一发表，立刻被许多报刊转载。

过了不久，又有一些人提出反质疑。他们认为卢纶的诗是对的，而华罗庚的质疑是错的。理由是，唐朝时，许多边塞诗人都写过大雪天有飞雁的诗句。如高适写的"千里黄云白日曛，北风吹雁雪纷纷"。李颀有诗句："野云万里无城郭，雨雪纷纷连大漠。胡雁哀鸣夜夜飞，胡儿眼泪双双落。"这样的反质疑有根有据，也颇能使人信服。

古往今来，有人埋头死读书，熬白了头发，却毫无建树。也有人读书有疑甚至主动质疑，深入研究，最终掌握了书中的精髓，从而获得成功。那种食而不化，只读书不求甚解的做法，潇洒是潇洒，却未必能于学问有所长进。

清代著名戏曲理论家李渔，儿时读《孟子》中的一句"自反而不缩，虽褐宽博，吾不惴焉"，再看朱熹的注释："褐，贱者之服，宽博，宽大之衣。"

李渔十分纳闷，因为他自小生长在南方，所见的"衣褐者"多是富贵之人。于是，他向老师质疑："褐是贵人所穿，为何说是穷人的衣服呢？既然是穷人的衣服，那就当处处节约布料及人力，却为何不裁成窄小的，反而如此宽大呢？"老师默然不答。李渔一再追问，老师只是顾左右而言他。

李渔颇感失望，疑问数十年未解。直到远游塞外，才终于揭开谜底。原来塞外天寒地冻，牧民自织牛羊毛以为衣，皆粗而不密，其形似毯，所以"人人皆褐"。可是牧民为什么不知节约物力人力，一律穿那"宽则倍身，长复扫地"的"毯"式服呢？原来这种服装是日当蓝衫夜当被的，"日则披之服，是夜用以为衾，非宽不能周其身，非衣不能尽覆其足"。

大科学家爱因斯坦一生对读书兴趣十足，其中重要的原因就是，他总是带着疑问读书。疑，常常是获得真知的前提，是打开知识宝库的钥匙。著名科学家李四光有句明言：不怀疑不能见真理。一般来说，大胆见疑与科学释疑往往是连在一起的，问题是在怀疑中提出的，又必然会在深入研究中解决，而问题的解决，便是获得真知灼见的开始。

读书贵有疑，可贵之处，就是解放思想，独立思考，敢于大胆地探索和追求。但是，提倡读书有疑，并非是要违背客观实际，违背科学原理胡猜乱疑。要疑得正确，疑得有长进，还要善于疑。否则，当疑时不疑，不当疑时又乱疑，那非但得不到任何知识和长进，还会把思想引上歪路，这绝不是我们应有的学习态度。

……

不断"充电"，学习没有年龄的限制

学问要通过不断的学习、思考才能内化成自己的东西。一个人即使天赋再高也不可能将知识看几眼就能掌握，顶多是在学习的时候比别人快一些。同样，一个人就算天赋一般，但只要能坚持不懈地学习，迟早也会有成大器的一天。

所学知识长时间得不到应用便会随着时间地推移而逐渐被淡忘，若是不回头温习，再不吸收新的知识，只怕仅有的一点儿知识也会荡然无存。

王安石的文章《伤仲永》中讲述了一个神童最终变成普通人的故事。仲永天资聪慧，五岁即能指物作诗，且文理皆有可观者，一时之间他的名气传遍乡里。人人都感到很诧异，因此很多人就请仲永的父亲做客，还拿钱请仲永作诗。仲永的父亲见有利可图，就拉着仲永四处作诗，耽误了学习。结果几年以后，这个神童就变得和平常人一样。

葛洪说："学之广在于不倦，不倦在于固志。"人的生命是有限的，而求学是无限的。一个人有了一定的学问，又能够认识到自己的学识、能力还不够，还要不断学习，不断进步，养成了这种习惯，学问就会越积越多。学问积累得越多，就越有智慧，志向就越来越高，取得的成就也越来越让人刮目相看。

左思是西晋太康年间著名的学者，他曾作一部《三都赋》，在京城洛阳广为流传，人们啧啧称赞，竞相传抄，一下子竟使得洛阳纸贵。不少人都到外地买纸，抄写这篇千古名赋。

不过，左思少年时并不是很聪明，他貌不惊人，说话结巴，倒显出一副痴痴呆呆的样子。他的父亲左雍还曾对自己的朋友说："左思虽然成年了，可是他掌握的知识和道理，还不如我小时候多呢！"

左思不甘心受到这种鄙视，开始发愤学习。当他读到东汉班固写的《两都赋》和张衡写的《两京赋》时，虽然很佩服文中的宏大气魄，华丽的文辞，写出了东京洛阳和西京长安的京城气派，可是也看出了其中虚而不实、大而无当的弊病。从此，他决心依据事实和历史的发展，写一篇《三都赋》，把三国时魏都邺城、蜀都成都、吴都南京写入赋中。

他在卧室、厅堂、门前、茅厕等，凡是平常出入的地方都放着书籍，以便能时刻学习，他还在书旁边放上纸笔，只要一想到有好的句子，便写下来。如此，一直过了十年，功夫不负有心人，他终于写出了传世华章《三都赋》，轰动整个京师，左思也随之名声大噪。

中华文化博大精深，经过几千年累积的知识是浩瀚无垠的，我们所学到的只不过是沧海一粟，而且，知识无时无刻不在以很快的速度更新，我们能够掌握的知识实在是很少，若是我们不能长期持之以恒地学习，很快就会感到知识匮乏。自以为已经掌握了足够的知识，这种想法很难使自己获得渊博的学识。

有句老话说得好，叫"活到老，学到老"。人的一生都应该不断地学习新东西，学习是一辈子的事，没有年龄阶段的限制。坚持这种孜孜不倦的学习精神，随着年龄的增长，对于世事才会有更高的觉悟。

学习是一种进取的态度。过去的成绩仅仅代表过去，我们应当注重的是未来。人应当在进步中发现自己的人生价值，体会人生的快乐。从求知中获得自我的幸福和满足。学习是一辈子的事情，人的一生中需要学习的东西很多。

不断给自己充电，这是人人都应具备的危机意识。如果你既想"往上爬"又不去主动学习新知识，那么就会有原本能力不如你，但因后天的努力而实力超过你的人走在你前面。

当前是一个信息爆炸、知识更新飞快的时代，当代人必须适应这种日新月异的变化，在日常生活和工作中，许多地方都需要运用新知识、新信息，才能更有效地完成任务。因此，要想时刻走在时代前列，就要耳聪目明，博闻强记，不断充实自己，通过学习各种知识武装自己的头脑，做到"养兵千日，用兵一时"。当机会出现时，你才会以自己丰富的学识自信地坐上那梦寐以求的位置。

要想丰富自己的知识，提高自身素养，首先必须有"充电"的意识。如果你不学习，不充电，那么你很快就会落伍。只有不断充实自己，积累雄厚的实力，才不会被社会淘汰。因此，无论在何时何地，都不要忘记给自己充电。

原惠普女强人CEO卡莉在谈到学习时强调："不断学习是一个CEO成功的基本要素。这里说的不断学习，是在工作中不断总结过去的经验，不断适应新的环境和新的变化，不断体会更好的工作方法和效率。

我在刚开始工作的时候，也做过一些不起眼的工作，但我还是从自己的兴趣出发，寻找最合适的岗位。因为，只有我的工作与我的兴趣相吻合，我才能最大限度地在工作中学习新的知识和经验。在惠普，不只我需要不断学习，整个公司都有鼓励员工学习的机制。每过一段时间，大家就会坐在一起，相互交流，了解整个公司的动态，了解业界的新动向。这些小事情，是能保证大家步伐紧跟时代、在工作中不断自我更新的好办法。"这也许就是成功CEO不断取得成就的秘诀。

"学而不思则罔，思而不学则殆。"大教育家孔子强调干劲及学习的态度。在孔子的众多弟子中，并非每一位都充满干劲，都勤奋好学。例如，宰予虽然有一副绝好的口才，却怠于学习。对于宰予，连孔子也不禁摇头叹道："朽木不可雕也。"再多的责骂，这种人也难改其性，终将被社会所淘汰。

然而书本的知识只是基础，我们还必须从书本以外多方面汲取"营养"，才能变得博学多才。社会是一本大书，需要我们经常不断地翻阅、学习。在现代社会中，不充电就会很快"没电"。

那么，如何给自己充电呢？

从目前的形势综合来看，要解决如何给自己充电的难题，无外乎三个视点。

第一点，回顾你的过去，看看自己的学历。教育背景至今仍然是人力资源经理比较关注的一点。教育帮人建立知识结构的框架，没有结实的框架，也无法更加深入地学习。另外，在你回顾学历的同时，再细算你毕业至今，是否超过了三年。如果超过三年，代表你的"电池"开始亮起了红灯，你急需学习充电。

第二点，分析自己目前的工作状态，一定要清晰客观地分析自己目前的工作特点。在进行分析的同时，展望自己的未来职业规划，如此才能让自己不盲目地学习，充电时减少金钱和时间的成本，提高成功率。

第三点，在学习时要注意，很多人都有这样的想法，就是"多一个证书没坏处"，所以市场上流行什么，什么证书最吃香，他就学什么，考下一大堆证书，看似什么都能干。

"多一个证书没坏处"这种想法，就是不管自己需不需要，先学完拿了证书再说。这种学习态度对个人来说不仅是金钱和时间上的损失，更关键的是很容易把自己的职业规划引入"歧路"。首先，有一大堆证书之后，就会觉得自己已经是个"通才"了，什么都能干，但到底自己最擅长什么，干哪一行最好，通常会很迷茫。进一步来说，如果因为自己拿了某张证书就去从事某一方面的工作，而不管它是否真的适合自己，那浪费的可能就是自己职业生涯的好几年时间。其次，去求职的时候，用人单位看到你的一大堆证书也会很迷茫。用人单位据此可能会认为你缺乏明确的职业目标，反而对求职不利。

另有一种人，"充电"的方向是对的，可是选择的时间不对，结果同样是事倍功半。这也是人们常常犯的毛病。

比如，你想朝管理方面发展，"进补"企业管理知识是对的，关键是学习的时间得恰当。对于刚毕业的学生来说，不如等自己工作五六年后，工作经验相对丰富，职位也有了提升，而且对自己职业发展的方向也更加明确，这时再进一步学习相关知识，这样更适合自己的发展。

在不合适的时机给自己充电，也是一个误区，这不仅增加投资成本，还可能浪费时间，在不同的时期，根据自己职业发展的状况、专业水平、工作能力以及今后一段时间职业发展的目标，来制订恰当的学习计划，这才是上策。

多参加积极性的休闲活动

林语堂说："地球上只有人拼命工作，其他的动物都是在生活。动物只有肚子饿了才外出找食物，吃饱就休息，人吃饱了之后又埋头工作。动物囤积东西是为了过冬，人囤积东西则是为了自己的贪婪，这是违反自然的现象。"

没踏入职场前，看看那些衣着整齐、神采奕奕的公司白领，你是不是非常羡慕？甚至渴望赶快走出校园踏进职场，成为他们中的一员？

可是，当你真的踏入职场，你可能会渐渐感到失望。因为你发现工作是很忙很累的事，每天准时赶到公司，一头扎进那些没完没了的工作中，碰上任务紧急的时候，还要应付加班，如果之前已经约了朋友一起吃饭，或者外出游玩，也只好向人家道歉，取消约定。

你不自觉地把休闲时间都用到了工作上。别人开心地去休闲，去放松自己，你却在加班工作，即使你也加入了外出游玩的队伍，脑子里却还在考虑着工作。

心理专家研究发现，白领上班族，可以说是社会上最忙碌的人群，同时也是休闲生活最贫乏的人群。对一些人来说，追求成就感，实现人生梦想等，都需要透过工作来完成，休闲只是浪费时间，唯有工作才是值得投入全部心力的重头戏。

　　林强就是一个典型的工作狂。他的大脑里几乎没有休闲的概念，天天忙碌于工作之中。几年下来，原来的快乐青年快变成一个忧郁的"小老头儿"了。国庆节长假的时候，他的好朋友于刚生拉硬拽地把他从家里拉出来，一起出去游玩，他却不忘记提着笔记本电脑。于刚是他大学时的同学，现在是一家公司的部门主管，好奇地问他提着笔记本电脑干什么，他说有个企划还没有做完。气得于刚一把夺下他的笔记本电脑，将他架回车里去了。

　　即使这样，在游玩的过程中，林强也是一副心不在焉的样子，经常怔怔地考虑工作的事。于刚说："每周的双休日，你还有一些法定的假期，时间很多。"

　　"那我的那些工作……"

　　"我的工作比你少吗？"于刚说。

　　林强不由得愣住了。是啊，于刚现在是部门主管，自己还只是一个普通职员，他怎么就能从工作中脱离出来，有那么多时间休闲呢？

　　于刚意味深长地说："你之所以会变成一个工作狂，是因为你把休闲看得无关紧要，甚至会影响工作，但是你错了！"

　　诚然，很多人彻头彻尾地成为工作的奴隶，认为休闲会耽误工作，于是宁可花时间坐在那里自怨自艾，也不愿意站起来行动。实际上，适当的休闲会对一个人的工作有良好的促进作用。心理学家发现，成功的人懂得将工作与休闲时间适当分配，他们知道何时该放松自己。

　　休闲往往有一个前提，那就是连续的工作使你感到劳累，甚至对工作感到厌烦，急于从工作中脱离出来，你需要通过彻底放松自己，调整自己的心态，保持快乐的心情。

　　适当的休闲是你实现这一愿望的最佳方式。离开"囚笼"一样的办公室，投身到新鲜的环境中去，接触不同的人，观赏美丽的风景，经历各种各样的事，能使你在工作时紧绷的神经得到彻底放松，疲倦的身体得到良好恢复，那些困扰你的不愉快的情绪会随那轻柔的风、随那潺潺流水、随你开心的大笑而远去。当你再回到办公室时，你会感到轻松愉快，精力充沛，即使有复杂棘手的工作摆在你面前，你也会从容面对，游刃有余地去处理。

当然，无论你参加哪种休闲活动，都不要在休闲时间思考工作上的事，这样做的后果会破坏游玩的兴致，让你的休闲变成体力上的损耗，一点益处也收获不到。还有，一定要选择适合自己的休闲活动，进行适当的休闲，不要把自己搞得疲惫不堪，好事变坏事。

前任哈佛大学校长约翰·柯曼博士就是一个非常懂得利用休闲时间开发潜力的人。一次，他利用假期到费城当收集垃圾的清洁工；后来，他又在另一次假期中，加入到纽约街头流浪汉的行列；他退休前的最后一次假期，是到旅馆当餐厅厨师的助手，后来，他索性买下一个餐馆来经营。

休闲的方式可谓五花八门、多种多样。有的人喜欢在空闲时间看电视，一些心理专家对这种休闲方式并不表示赞同，认为看电视是取代社交生活，而不是进入社交生活，是最耗时的消遣。不过，据估计，现代人花在看电视上的时间，比起从事其他休闲活动，至少高出10倍以上。除了看电视，有不少人利用花钱购物、吃零食、到处闲逛等方法打发时间。

专家认为，积极性的休闲活动应该让人在其中获得满足和成就感，如阅读、运动、跳舞、弹奏乐器、进修等。而看电视以及购物消费，无法使人获得实质上的提高，对于提高自身专业能力以及修身养性没有太大的帮助。

一个人多参加积极性的休闲活动，会提高自身素质、增强活力，更会让人感到轻松和快乐，从容面对工作。生活中有多种休闲方式：

1.快乐记事簿

养成每天写日记的习惯，记下每天的快乐心情、使你感到快乐的人物和地点，心血来潮时就拿出来重温快乐时光，留住生活中美好的时光，不要将不愉快的情绪留到明天。

2.到超市购物

试试每逢星期天，就到超市采购一番，将冰箱装得满满的，以富足快乐的心情，迎接每个星期的第一天。

3.计划一星期的打扮

用相机拍下自己拥有的每一双鞋子的样子，贴在鞋盒的显眼处，并于星期天安排好下个星期的服饰搭配，如此就不需要每天一起床，就为当天要穿哪件衣服而伤脑筋，省下来的时间就可以不慌不忙地享用美味的早餐。

4.善用数字感

习惯数字带给你的兴奋，利用数字带来的推动力让自己慢慢进步，就算今天比昨天只多做了一两下仰卧起坐，也能带给你小小的快乐及成就感，毕竟一想到今天的自己比昨天更接近目标，那种快乐是无法形容的。

5.找寻最新资讯

每日利用一小时的时间浏览新闻，了解最新动态。

6.日行一善

不论是扶老婆婆过马路，还是在公司里帮同事们一点点小忙，或是在办公室制造欢乐气氛，都算是好事，这会使你一整天都拥有好心情。

7.善于利用时间

试着不要在固定时间守在电视机前，不妨将你喜欢的节目预录下来，有空的时候再播出来看，享受那赶走广告的驾驭感，你会感受到有效善用时间的乐趣。

8.不同主题的日子

依照你喜欢的方式，为自己精心计划一些特定日子，譬如打球日、逛街日、约会日、睡觉日、学习日，积极快乐地享受每一天。

9.在家寻宝

你一定有过有时发现家中某件东西不翼而飞，然后无意间它突然出现在你眼前，那种在家寻宝失而复得的心情真的很开心。定期清理旧东西，让家里窗明几净，空气流通，也有除旧迎新、增加能量的功效。有时也会有不大不小的意外收获。

10.梦想剪贴图

专家说过，没有设定目标的人，就永远达不到目标。将你的理想、目标视觉化，以图片的方式，剪贴在大卡纸上，有空就拿出来欣赏，图片看多了，可以刺激我们努力地去达成某个目标，让你早日享受梦想成真的满足感。

11.偶尔节制一下

你一定很怀念小时候等待过年的兴奋心情，因为只有在过年时才有足够的压岁钱，才可以买心中很想拥有的东西。长大后我们可以随时买到自己需要的东西，但已经不懂得珍惜自己身边拥有的，也忘了什么叫得来不易，不妨在发薪水的那个星期才购物，平常的日子就感受一下节制的乐趣，找回那份童年的回忆。

12.早起的乐趣

早睡早起，头脑清醒，精神爽，心情自然也会快乐舒畅。试着培养早起一个小时的好习惯，你不但会多了宝贵的宁静时间及充裕的精力，你也一定会爱上那个早晨恬静清新的感受。

13.储蓄乐趣

买个漂亮的储钱罐放在你的办公室桌上，作为你旅游、买衣服或做善事的基金，每天"喂"它一次，会带给你细水长流的快乐。

14.养只小宠物

为自己买棵小盆栽或养个小动物，它会使你心情愉快，而在你的悉心照顾下，看着它一天一天长大，你一定会体会到经过付出而得到收获的快乐。

15.经常保持愉快的心境

每天花一个小时的时间宠爱自己，投资在自己身上是应该的。让自己随时都保持在最佳状态，善待自己，经常保持着愉快的心境。

16.享受天伦之乐

家人永远是你最重要的精神支柱，好好珍惜和他们的关系，定期安排喜欢的家庭活动，有了家人亲切的支持，做起事来必定更加起劲。不跟父母同住时，平日虽然不能常抽空见他们，下班后可以打个电话问候他们。

17.享受音乐

辛苦工作后，利用短暂的休息时间，听听自己喜欢的音乐，好好奖赏自己一番，陶醉在优美的音乐旋律中，就算是只有短短的十分钟时间，也能帮你缓解疲劳，带给你不可思议的美妙感受。

18.休假的艺术

在不用上班的日子里，提前做好休假的计划，利用休假的时间，做你平日想做又一直没有时间做的事，让自己过一个有价值又充实的周末。

19.想象快乐

人类的潜能是非常奇妙的，好好运用我们的第六感和意志力，积极地想着经过努力后带来成功的美好情景，让自己经常有着正面的思想，它会在不知不觉中使你越来越接近成功。

20.爱情的魔力

经常跟爱侣分享生活上的喜悦、生活中的点点滴滴，在对方沮丧或不开心时给予适当的慰藉与关怀，不但能使彼此之间的爱情更加滋养，而且可以激励彼此不断向上。

21.寻找快乐

乐观的人容易遇上有趣的事，因为他们善于发现。只要你常到使你快乐的地方，再花点心思，留意周围的事物，便不难发现一些令自己开心的事物。其实快乐是无处不在的，只是一直被人忽略了！笑口常开的人容易青春常驻，所以一定要常保持乐观进取的态度，积极快乐地度过每一天。

22.为自己增值

定期上不同且对自己有益的兴趣班和训练课程，体验一下不同领域带来的学习乐趣和成就感，只要忙得充实有意义，你的每一种兴趣都会带给你不同程度的成就感。

……

"礼多人不怪"，多说礼貌用语

中国曾有"君子不失色于人，不失口于人"的古训，意思是说，有道德的人待人应该彬彬有礼，不能态度粗暴，也不能出言不逊。礼貌待人，要使用礼貌语言。礼貌用语是尊重他人的具体表现，是建立友好关系的敲门砖。

所以我们在日常生活中，尤其在社交场合，使用礼貌用语十分重要。多说客气话不仅表示对别人的尊重，而且表明自己有修养，礼多人不怪，是人之常情。

"谢谢你""对不起"和"请"这些礼貌用语，如果使用恰当，对调和及融洽人际关系会有意想不到的作用。

无论别人给予你的帮助多么微不足道，你都应该诚恳地说声"谢谢"。正确地运用"谢谢"一词，会使你的语言充满魅力，使对方备感温暖。道谢时要及时注意到对方的反应。对方对你的感谢感到茫然时，你要用简洁的语言向他说明致谢的原因。对他人的道谢要答谢，答谢可以用"没什么，别客气""我很乐意帮忙""应该的"等话来回答。

社交场合学会向人道歉，是缓和双方可能产生的紧张关系的一帖灵药。比如，你在公共汽车上踩了别人的脚，一声"对不起"即可化解对方的不快。道歉时最重要的是有诚意，切忌道歉时先辩解，好似推脱责任；同时要注意及时道歉，犹豫不决会失去道歉的良机。在涉外场合需要人帮忙时，说句"对不起，你能帮我把茶水递过来吗"，则能体现一个人的谦和及修养。

几乎在任何需要麻烦他人的时候，"请"字都是必须挂在嘴边的礼貌语。如"请问""请原谅""请留步""请用餐""请指教""请稍候""请关照"，等等。频繁使用"请"字，会使话语变得委婉而有礼貌，是比较自然地把自己的位置降低，将对方的位置抬高的好办法。

"良言一句三冬暖，恶语伤人六月寒。"礼貌用语就在良言之列。礼貌用语在公关活动中起着非常重要的作用。说话有礼，言谈文明，会给初次见面的人留下一个好的印象，而且这印象很可能在他人脑海中一直不变，从而使得双方的交往顺利通畅。

在社会交往中，想要成为受欢迎的人，不只要多使用礼貌用语，还要注重礼仪细节。比如，在我们和别人交谈的时候，如果能够在恰当的时机称呼一下别人的名字，无疑就会迅速拉近你们之间的距离，即使是和完全不熟悉的人打交道，相信也会轻易收获好人缘。

一位印度通用汽车厂的普通雇员，在公司的餐厅吃午餐的时候，发觉负责点餐的那位女士总是愁眉苦脸，自己前去点餐的时候，她慢腾腾地在小秤上称了片火腿，然后给了几片莴苣，几片马铃薯片，做一个三明治居然用了十分钟。

隔了一天，这位雇员又去餐厅用餐，他仔细地看了看那位女士的工作牌，记住了她的名字。于是他笑着说："汀娜，你好！"然后告诉她自己要什么。她很高兴，没有秤，而是直接给了他一堆火腿，三片莴苣和一大堆马铃薯片，多得快要掉到盘子外面了。

因此，请记住："一个人的名字，对他来说，是任何语言中最甜蜜、最重要的声音。"在和别人交谈的时候，别人对你十分熟悉，热情如火，而你偏叫不出对方的姓名。碰到这样的情况，不仅会让你十分尴尬，更会让别人感到失望。

在与人交往时，除了多礼还必须诚恳，如果表现得不诚恳，便会被认为是虚伪，虚伪会使人讨厌。用语诚恳，才能表示恭敬，才是真的有礼貌。

一个人听说外国人非常喜欢他人的赞美，特别是外国的女人，最爱听人们夸她们漂亮。后来，他出国了，就试着去赞美别人，效果不错。

一天，他去超市，迎面走来一位很胖的妇女。他习惯地说："哦，女士，你真漂亮！"

不料那位妇女白了他一眼，不满地说："先生，你是不是离家太久了？"

赞美实际是向对方表示一种肯定、理解、欣赏和羡慕。对方从我们的话中领会到的基本上也是这些。如果赞美不当，就如隔靴搔痒，起不到什么作用。如果不是真心的，赞美过火，就可能会让人反感，甚至觉得是在讽刺他。

所以，诚恳的态度很重要。只有态度诚恳，我们的赞美才能显得自然，别人才会对我们的赞美感兴趣，并因赞美而心情愉悦。

孔子说："不学礼，何以立。"孔子说的礼，并不单指礼貌，但是礼貌必在其中。有礼貌地与人交往，有利于促进人际关系协调融洽，从而更容易在交往中达到自己的目的。

……

慎独修身，管住自己的言行

"慎独"这个词出自《礼记·中庸》："君子戒慎乎其所不睹，恐惧乎其所不闻。莫见乎隐，莫显乎微，故君子慎其独也。"它的意思是说，在最隐蔽的时候最能看出一个人的品质，真君子，即使在没人的时候也不会显露出恶劣的言行，而是与在人前一样。

所以说，一个人在独处的时候，对自己的行为也要加以检束。而要想做到真正的自我约束，是非常难的。曾国藩在他的《金陵节署中日记》中所说"慎独则心安。自修之道，莫难于养心"，正是这个道理。

著名漫画家丰子恺先生画过一幅非常能体现"慎独"题材的漫画，画上的题词是"无人之处"。画上的那个人在有人的时候总是戴着一个面具，笑容满面，礼貌客气，但是没有人的时候他摘下了面具，面目狰狞，令人作呕。

"疾风知劲草，烈火见真金。"一个人真正的品行，在私下里才会真正显露出来。

杨震是东汉时期的名臣，一次因公外出途经昌邑之地，曾经受到杨震提拔的昌邑县令王密在夜深人静的时候敲开他的房门，献出十两黄金以表达自己对他的感激。杨震拒绝了王密的黄金，王密对杨震说："半夜三更没有人知道，您就收下吧！这是我的一点心意。"杨震义正词严地回答："天知，地知，你知，我知，谁说没人知道！"于是，他态度决绝地把黄金退给了王密。

元代大学者许衡也有过类似经历。一日，许衡与人结伴外出，天气十分炎热，一行人口渴难耐。在经过一颗挂满成熟果实的梨树时，众人纷纷跑到树下摘梨解渴，只有许衡站在那里一动不动。于是就有人问许衡："你为什么不摘梨，难道你不渴吗？"许衡回答说："这不是我的梨，怎么可以随便乱摘呢？"大家讥笑他迂腐，哄笑着说："世道这么乱，谁还管这棵树是谁的呢！"许衡却不以为然，他说："世道乱，而我的心不乱，梨虽无主，可我心有主。"

"慎独"就是人前君子，人后亦君子，这一点对于修身是非常重要的。坚持"慎独"，就会在"隐"和"微"上下功夫，即人前人后的行为举止都是一个样，不让任何邪恶念头萌发，如此才能防微杜渐，使自己的道德高尚。

人的心中都有善恶的标准，但重要的不是我们心中有善恶，而是在行为中能够遵守内心的标准，不做违反善的行为，尤其是在没有别人监督的情况下。

君子慎独，话虽这么说，但是慎独不该只是先哲和圣贤们的追求，每个人都应该修身养性，管束自己的行为。无论何时何地，在何种处境，都应该时时刻刻注意自己的言行。

要做到慎独需要不断地反省自己，使自己的内心保持清朗透彻，使自己的人格越发坚韧。慎独还是一面盾牌，它可以使人抵御来自方方面面的不良诱惑，还可以使人踏实做事，坦荡做人，使得我们这个社会更加文明有序，融洽和谐。

生活中的一些人，平时看起来中规中矩，但一遇到事情，他的本性就暴露无遗，所有的美好形象不复存在，行为举止不再温文儒雅，言谈不再有礼貌，取而代之的是言行粗俗，毫无气质和美德可言。这就是"伪君子"，当面一套，背后一套，表里不一。真正的君子任何时候都是一个样，不会因为有人或没有人而改变自己的言行。

慎独是一个人内在品质的试金石，也是人生正己修身的必修课。生活中，难免会有鲜花、掌声和赞美，有时会使人无意间高贵矜持起来。但是慎独却可以警醒自己不可失了分寸，不能没了尺度，久而久之就会成为一种习惯。保持慎独之人往往是表里如一的君子。

慎独是一种宝贵的品德，它如空谷幽兰，即使不在人们的视野范围之内，在高山峡谷中也能坚守自己的本分，保持自己的操守，守着天地，径自绽放，静默飘香。

切忌急于求成，戒掉浮躁之气

"没有人能随随便便成功"，"随便"是指空想、浮躁，只有杜绝这些，发扬务实的精神，万丈高楼才能拔地而起。做事切忌急于求成，只有先扎扎实实地练好基本功，才能谋求下一步的发展。

即使自身具备再优越的条件，一次也只能脚踏实地地迈一步。这是十分简单的道理，然而，很多初入社会的年轻人，却不明白这么简单的道理。他们总想一步登天，恨不得第二天一觉醒来，摇身一变成为比尔·盖茨一样的成功人物。他们对小的成就看不上眼，要他们从基层做起，他们会觉得很没面子，认为凭自己的条件做那些工作简直是大材小用。这样的人有远大的理想，但又缺乏踏实的精神，最终只能四处碰壁。

任何一个人的成功都不是靠空想得来的，只有踏踏实实一步一个脚印地去尝试、去体验，才能逐渐积累经验，打好成功的基石。不管你拥有多高的学历，也不管你获得过怎样高的奖励，你都不可能在踏出校门的第一天就获得百万年薪，更不可能创业之初就能买得起名车，这些都需要你踏踏实实地去干，去争取。如果你不能改掉眼高手低的毛病，那么，不但初入社会会遭遇挫折，以后的人生旅程也将布满荆棘。

20世纪70年代，麦当劳公司看好中国台湾市场，决定在当地培训一批高级管理人员。他们最先选中了一位年轻的企业家。但是，商谈了几次，都没有定下来。最后一次，总裁要求那个企业家带上他的夫人来。

当总裁问道："如果要你先去打扫厕所，你会怎么想？"那个企业家立即沉思不语，脸上还现出了尴尬的神情。他在想：要我一个小有名气的企业家打扫厕所，大材小用了吧？这时他的夫人却说道："没关系，我们家的厕所向来都是他打扫的！"就这样，那个企业家通过了面试。

让那个企业家没有想到的是，第二天一上班，总裁就先让他去打扫了厕所。后来他晋升为高级管理人员，看了公司的规章制度后才知道，麦当劳公司训练员工的第一课就是先从打扫厕所开始的，就连总裁也不例外。

创维集团人力资源总监王大松曾经说："年轻人只有沉得下来才能成就大事。无论你多么优秀，到了一个新的领域或新的企业，刚出校门就只想搞策划、搞管理，可是你对新的企业了解多少？对基层的员工了解多少？没有哪个企业敢把重要的位置让刚刚走出校门的人来掌管，那样做无论对企业还是对毕业生本人都是很危险的事情。"

所以，要想获得事业的成功，就先去掉身上的浮躁之气，培养起务实的精神，扎扎实实打好基础，基础打好了，你事业的大厦才可能拔地而起。

戒掉浮躁之气并不困难，只需把自己看得笨拙一些。这样你就很容易放下什么都懂的假面具，有勇气面对自己的"无知"，毫不忸怩地表示自己的疑惑，不再自命不凡，自高自大，才能拥有健康的心态。这有利于使自己更快更好地掌握工作的技巧，提高自己的能力，还能给上司和同事留下勤学好问、严谨认真的好印象。

拥有"笨拙精神"的人，能够控制自己心中的激情，避免设定高不可攀、不切实际的目标，不会凭着侥幸去盲目做事，也不会为了潇洒而放纵，而是认认真真地走好每一步，踏踏实实地利用好每一分钟，甘于从不起眼的小事做起，并能时时看到自己身上需要注意的问题。

认真扎实地去做基础工作，是培养务实精神的关键。越是那些别人不屑去做的工作，你越要做好。想要提高工作能力，只有从基础做起，处理好小事，才能打好根基，培养出处理大事的能力。

要保持一颗平常心，坦然地去面对一切。如果小有成就，也不能太得意，如果遇到挫折，也不要消极失望。"不以物喜，不以己悲"的心态，会使你更加关注自己的工作，并集中精力做好它。

此外，做事切忌急于求成。事业的成功需要一个水到渠成的过程，急于求成可能导致功败垂成。不管你以后从事哪一行、哪一业，想要获得成功都自有其既定的路径，一步一步地来，成功自然会在不远的地方等着你，想一步登天，成功可能会跑得比你还快，你可能永远都追不上。

Your image
determines
your value

第四章

谈吐形象：妙语连珠，让人如沐春风

......

　　一言可以兴邦，一言可以救国。同样的意思，用不同的表达方式，给对方的感觉就会完全不同。在与人相处中，如果只知道埋头做事，不懂得怎么说话，即使你待人再怎么真心，做事也还是有可能"事倍功半"。

......

你不可能用辩论击败无知的人

"大辩若讷"一词出自《老子》第四十五章："大成若缺，其用不弊。大盈若冲，其用不穷。大直若屈，大巧若拙，大辩若讷。静胜躁，寒胜热。清静为天下正。"老子的意思是：真正有口才的人表面上好像嘴很笨，形容善辩之人发言持重，不露锋芒。

弘一法师在没出家前俗名叫李叔同，有一次参加朋友的婚礼，席间有一位年轻人念了首诗："郎骑竹马来，绕床弄青梅。"这位年轻人所念的这首诗是唐代诗人李白写的，而他却误以为是宋代女词人李清照所写。

李叔同当时年纪还小，又认为中国文学是他的专长，于是就说："这是李白写的，可能因为这首诗蕴含的感情深厚，让你误会是出自女词人之手……"

不说还好，这样一说，那人反倒更加坚持自己的意见了。就在彼此争论不休时，一位老先生在盖着桌布的桌下，用脚轻踢了李叔同一下，态度庄重地说："那位先生说得对。"

李叔同越想越不服气，但是，在席间的空隙中，那位老先生找到了李叔同，对他说："那首诗是李白的《长干行》，一点也没错。"

李叔同纳闷了，老先生温和地说："你说得一切都对，但我们都是客人，何必在那种场合给人难堪？他并未征求你的意见，只是发表自己的看法，对错根本与你无关，你与他争有何益处呢？"李叔同恍然大悟，心内感激不已。

的确，谁能用辩论取得胜利呢？在辩论结束之时，争论的双方十有八九比原来更坚持自己的论调。假如辩论输了，那便无话可说；就算赢了，一样也是"输"。为什么呢？假如赢了对方，把他的说法攻击得体无完肤，那又能怎样呢？相反，如果对方在争辩中输了，必然会自尊心受损，日后找到机会，很可能会报复。一个人若并非自愿，而是被迫屈服，大多内心仍然会坚持己见。

19世纪时，美国有一位青年军官因为个性好强，总爱与人争辩，所以经常和同僚发生激烈争执，林肯总统因此处分了这位军官，并说了一段深具哲理的话："凡能成功之人，必不偏执于成见，更无法承受其后果；这包括了个性的缺憾与自制力的缺乏。与其为争路而被狗咬，不如让路于狗。因为即使将狗杀死，也不能治好被咬的伤口。"

20世纪初，美国总统威尔逊有一名得力助手，就是财政部长威廉·麦克阿杜，他曾以多年的从政经验，告诉我们一个重要的道理：你不可能用辩论击败无知的人。

意大利的一家精神病院因运送病人的司机玩忽职守而误收了3名正常人。那3个人被关在精神病院里28天，其中两个还差点就此变成了精神病病人。美国《探路者》杂志的记者格雷·贝克特意为此事前往意大利，对那3个刚被解救的不幸儿进行了一次专访。

众所周知，要想从精神病院里走出来的唯一方法就是证明自己不是精神病患者。他们3人是怎样做到的呢？据格雷·贝克报道，他们中的两个人用尽了各种方法来向医护人员证明自己不是疯子。但是，他们说得越多，医护人员越发坚定地认为他们就是疯子。第3个人却不同，他没做什么无谓的尝试，只是像平常生活一样，该吃饭时就吃饭，该睡觉时就睡觉，该看书读报时就看书读报，而且当医护人员为他刮脸时，他还向他们致以谢意。于是在第28天时，他出院了。然后他报了警，将另外两个同伴解救了出来。

原来这么简单，最好的方法竟是不去证明自己是病人。

那些用各种方式证明自己真理在握的人，那些用各种途径证明自己才华横溢的人，还有那些用各种手段证明自己富有、非凡的人，都极有可能被世人认为是不折不扣的"疯子"——只是他们自己还蒙在鼓里罢了。

而"证明自己不是疯子的最好方法"，是"像平常生活一样，该吃饭时就吃饭，该睡觉时就睡觉，该看书读报时就看书读报"。这，看似简单，其实暗合佛学大道。

常言说：道在平常日用中。一心一意做好自己的本分，内心清净安定，坦然面临一切，就是顺应天道。顺天而行，天必佑之。

……

善谈者必善幽默

恩格斯曾经说过："幽默是具有智慧、教养和道德的优越感的表现。"幽默不仅能给周围的人带去欢乐和愉快，同时也可以提高个人的语言魅力，为谈话锦上添花。

幽默能显示出说话者的风度、素养和魅力，能让人在忍俊不禁、轻松活泼的气氛中工作和学习。幽默是一种高深的说话艺术。

在某公司举办的产品展销会上，几位年轻的营销人员用专业术语详细地向消费者介绍了产品的性能、使用方法等，给消费者犹留下了业务精通的印象。在回答消费者提出的问题时，他们反应很快，对答如流。最重要的是，他们的表现既彬彬有礼，又幽默风趣，给消费者留下非常难忘的印象。

有消费者问："你们的产品真能像广告上说的那么好吗？"营销人员立即答道："您用过后就会发现它比广告上说的更好。"

消费者又问："如果买回去使用后发现性能并不好怎么办？"营销人员马上笑着回答："不，这件产品会比您认为的还要好。"

展销会大获成功，产品销量也大大超过以往，更重要的是，产品品牌的知名度得到了提高。在公司召开的总结会上，经理特别强调，是营销人员善于言谈才让这次展销如此成功。他要求公司全体人员都应像营销人员那样，在"说话"上下一番功夫，既能提升自己的语言魅力，也能提升公司的整体形象。

英国思想家培根说过："善谈者必善幽默。"幽默的魅力就在于：话不需直说，却让人通过曲折含蓄的表达方式心领神会。

友善的幽默能表达人与人之间的真诚友爱，能沟通心灵，拉近人与人之间的距离，填平人与人之间的鸿沟，是有望和他人建立良好关系的不可缺少的东西。当一个人要表达内心的不满时，如果能使用幽默的语言，别人听起来也会比较顺耳。当一个人需要把别人的态度从否定变为肯定时，幽默是最具说服力的语言。当一个人和他人关系紧张时，即使在一触即发的关键时刻，幽默也可以使彼此从容地摆脱不愉快的窘境或消除矛盾。

如果说语言是心灵沟通的桥梁，那么幽默便是桥上行驶最快的列车。它穿梭在此岸与彼岸之间，时而鲜明时而隐晦地表达着某种心意，并以最快捷的方式直抵人的心灵，提升幽默者在对方心中的分量。

在人际交往中，轻松幽默地开个得体的玩笑，可以松弛神经，活跃气氛，营造出一个适于交际的轻松愉快的氛围，因而幽默的人常常受到人们的欢迎与喜爱。但是，玩笑一旦开得不好，幽默过了头，效果就会适得其反。因此，掌握幽默的分寸非常重要。要想幽默得体，需要注意下面几个问题：

幽默内容要高雅

幽默的内容取决于幽默者的思想情趣与文化修养。幽默内容粗俗或不雅，有时也能博人一笑，但过后就会令人感到乏味无聊。只有内容健康、格调高雅的幽默，才能给人以启迪和精神享受，而且也是对自己美好形象的成功塑造。

幽默态度要友善

幽默的过程，是感情互相交流传递的过程。如果借幽默来达到对别人冷嘲热讽、发泄内心厌恶和不满感情的目的，那么这种玩笑就不能称为幽默。当然，也许有些人不如你口齿伶俐，表面上你占了上风，但别人一定会认为你不够尊重他人，以后也不会愿意和你继续交往。

幽默要分清场合

美国前总统里根有一次在国会开会前，为了试试麦克风是否好用，张口便道："先生们女士们请注意，五分钟之后，我们将对苏联进行轰炸。"一语既出，众皆哗然。显然，里根在不恰当的场合和时间里，开了一个极为荒唐的玩笑。为此，苏联政府对美国提出了强烈的抗议。

可见，在庄重严肃的场合，幽默一定要注意分寸。

幽默也要分清对象

我们身边的每个人，因为身份、性格和当时心情的不同，对幽默的承受能力也有差异。同样一个玩笑，能对甲开，不一定能对乙开；能对乙开，却不一定也能对甲开。一般来说，晚辈不宜同前辈开玩笑；下级不宜同上级开玩笑；男性不宜同女性开玩笑。在同辈人之间开玩笑，也要注意对方的情绪和性格特征。如果对方性格外向，能宽容忍耐，幽默稍微过度也无妨；若对方性格内向，喜欢琢磨言外之意，表达幽默就要慎重了。对方尽管平时生性开朗，但若恰好碰上不愉快或伤心之事，也不能随便与之开玩笑。相反，对方性格内向，但正好喜事临门，此时与他开个玩笑，幽默的氛围也会一下子凸显出来。

用幽默来化解僵局

在人际交往中，我们经常会遇到一些意想不到的事情，或是自己失言失态，或是对方的反应不如我们事先预料得好，或是周围的环境出现了我们没有考虑到的因素，等等。总之，这些猝不及防的情境往往会令我们狼狈不堪。这个时候，最有效的解决方法，就是用幽默来摆脱尴尬。

一位诗人与一位将军同时出席宴会，女主人一味地向别人炫耀自己："我这位诗人朋友马上要为我作一首诗来当场赞美我。"诗人感到很尴尬，但又不好直接拒绝，只好说："还是请将军先做一门大炮吧！"

一句幽默，化解了自己的尴尬，高明至极！

谨慎使用"挑拨离间"的句式

当与人产生矛盾时，我们若有宽大的心胸，不受别人言语挑拨，必能化解对方的怨恨。

《史记》中讲述了这样一个故事：刘邦有个下属叫曹无伤。这个人想挑拨项羽和刘邦的关系。于是，他对项羽说，刘邦有称帝的迹象。以前刘邦爱财贪色，但自从进了关中，他就完全变了一个人。项羽听信了曹无伤的话，于是摆出鸿门宴，请刘邦来赴宴，计划在宴会上结果了刘邦的性命。刘邦接到邀请后，知道有人在挑拨离间，不去解释的话，自己只有死路一条。于是，他带了许多礼物去见项羽。项羽一看礼物，觉得刘邦对自己还是很恭敬，不像是要谋反。刘邦看项羽语气有所缓和，就对项羽说不知道是谁在挑拨将军和我之间的关系。项羽想都没想，就脱口而出，说是曹无伤。

刘邦从鸿门脱险回来后，立刻找了个理由把曹无伤杀了。

事实上，没有任何人喜欢挑拨离间的人，只会将他当作小人。然而，我们每天说话时，可能无意中就做了挑拨离间的事情。或许出于嫉妒，或许出于愤怒，或许出于其他种种不可告人的想法，又或者仅仅是无心。

在这个时候，我们一方面要提高自己的修养和智慧。不挑拨离间，这不仅是修养，而且也是智慧。挑拨离间不仅是败德行为，而且也是十分愚蠢的。另一方面，我们要注意改变我们说话的语气和方式。谨慎使用这样的句式："有些话我本不想说，但是……"这种句式在挑拨别人关系的时候经常使用。 在与人谈话的过程中，不要总是成为秘密的宣扬者，不要总是跟别人说："有件事，不知道你知不知道……"或者"我原来也认为他不是那样，但是……"这种话的影响很坏，很容易让人相信，也难免会成为挑拨离间的用语。

在与人交往的过程中，千万不要挑拨离间别人的关系。即使他们有矛盾，也千万不要认为自己有机可乘。对于亲朋好友，即使有再大的矛盾，也难免有"历经劫波兄弟在，相逢一笑泯恩仇"的一天。试想，这一天到来的时候，他们可能将矛头全部指向你。

光明磊落、正直坦荡的人能够赢得别人的尊重，鬼鬼祟祟、挑拨离间的人只会让人唾弃，被人看不起。人说话做事，心中应该有个尺度，这个尺度就是道德底线。显然，挑拨离间是有违道德准则的。

在说话的时候，一定要注意自己的口气和说话的内容。口气不能有挑拨的暗示，不能有意将挑拨的话装作无心出口。而对于说话的内容更是要谨慎选择，即使自己是个心直口快的人，也要懂得有些话可以说，有些话万万不能说。说者无心，听者有意。很多话当你说出来之后，就会发现那些话特别刺耳，甚至有可能让听者勃然大怒，去找其他人算账。在这个时候，你实际上是在煽风点火，这是让人不齿的行为。

世上没有不透风的墙，只要你把话说出口，它造成的后果就已经不在你控制的范围之内了。试想一下，如果挑拨别人的关系，被当事人知道的话，在他心目中，会认为你是什么人？显然是小人，是进谗言的人。有了这种判断，他会对你产生憎恶之感，甚至使用各种手段来对付你，你无形中就给自己树立了一个敌人。

当然，我们不仅不要背后说人，对于别人私下里说的闲话，我们最好也不要去听，以免卷入这样那样的是非之中。假如你不赞同他的观点，但还是出于礼貌倾听他的话。这个时候，你要想想自己究竟处在一个什么位置，自己的头脑中究竟需不需要塞入这些并非事实的东西。即使你赞同对方的观点，那些话听来也会影响你对别人的判断，影响你和别人之间的交往。讲闲话的人唯恐说出来的话不吸引人、不夸张、不能让你记忆犹新，于是便会添油加醋，添枝加叶。你听了这样的话，心中正确的判断就会被掩盖，你就会用一种错误的情绪代替理性的思考。

……

打开心扉巧批评

我们偶尔会看到这样的情形：在人来人往的银行营业厅，突然一名主管对柜台的员工高声呵斥。霎时间，整个大厅都安静下来，鸦雀无声，众人将目光一下子投在那位员工身上。而那位主管责骂完后，转身扬长而去，但是那位被当众训斥的员工却一直低着头工作。很显然，那位员工当众被骂，其自尊心已被严重伤害了。

在日常工作中，有不少管理者就像那位银行主管一样：当员工犯错时，当着众人的面就大声呵斥。殊不知，这样会导致员工的自尊心倍受伤害，从而使员工对工作和团队产生抵触心理。

针对这种情况，领导者需要做的就是学会用正确的方法疏导、减压，不要把责备作为压力的宣泄口。作为领导者，你要明白，一味地责罚会使员工推卸责任，工作积极性降低。所以，一旦错误发生，领导者需要学会控制情绪，用合理的、不伤感情的方法给予批评，把事情解决好。如此下属才不会闹情绪，不会恨你。

要把巧妙的批评当作处理下属失误的首要方法，并给予正确的指导、足够的支持，化解"乌云"。同时也要善于检讨自己，勇于承担自己应该担负的责任，让双方都和和气气地投入到工作中去。

如果认为打开对方的心扉是解决问题的先决条件，或觉得单刀直入地批评反而可能会招致对方的不信任时，就应该暂时让对方停下手头工作，耐心细致地听听对方的说法，在此基础上再提出自己的规劝之言。

我们不妨来看一下，格莱汀公司的碧丽·克利曼的批评方法。

一天，克利曼照常来到公司，看到桌子上放着一份文件，文件上有很多错别字，而且办公室里有很多东西放得很乱，同往常大不一样，明显是秘书没有尽到责任。

克利曼对这名秘书，一没有批评，二没有扣奖金，她只是用极温和的口气说："平时你在整理文件时做得非常好，而且好像从来没有出现过错别字，办公室里的工作也做得非常好，这一切使我感到非常满意，但是今天好像有点不如从前了！"

只是这么简简单单的几句话，问题便解决了。第二天，办公室里的一切都变得非常有秩序，甚至比原来还要好。

事后，克利曼了解到，事发的当天晚上，秘书与她的家人发生了争吵，心情不好，因此影响了工作。但经过克利曼一说，秘书心里有些内疚，明白家里的事情不应该影响到工作。克利曼这一招，足以使员工认识到自己的错误，不会让同样的事情再次发生，从而体现了克利曼对员工的关心，也使员工对克利曼充满了感激之情。

从上述事例中，我们看到克利曼巧妙地运用了对比的方法批评下属的错误。在遇到此类情形时，不妨借用一下克利曼的对比方法，效果一定不错。

其实，批评的目的是在适当的场合，通过适当的方式促使对方发生转变，而当着众人的面对其进行批评，与批评的目的极不相符，也根本不可能达到批评的目的。当对方受到这样的批评时，只会认为这是上司在有意让自己难堪，从而自尊心受损。

当你确实要对下属进行批评时，必须注意当时的场合和氛围，在不伤和气、又给人面子的情况下语重心长地批评，注意批评的言辞不可过于激烈。

当然，也有人认为，批评有时需要"杀一儆百"，当着众人的面去批评一个人，这样就会使其他人从中受到教育，保证以后不再发生这种事情。其实这种方法在现实中是行不通的。因为，一般来说，在场的其他人，有的可能会品头论足，有的可能对批评者表示同情，有的则可能把它当成与己无关的耳旁风，假若是大家共同存在的问题，也不必明确地提出批评对象来。不点名地向全体人员正式提出，希望大家注意某一点，才是正确而有效的批评方法。

所以，对下属进行批评，要考虑对方对问题自觉认识的程度、顽固程度以及能否吸取教训、及时改正。否则的话，单刀直入地进行严厉批评有时也可能效果不佳。

如何与"大人物"交谈

当与"大人物"交谈时，切记，把你们谈话时间的**99.9%**都用在询问大人物的事情上。千万不要一直谈你自己的事情，除非你极其有把握，谈比不谈更好。因为在这个时候，"大人物"对你或你的事情可能毫不关心。

如果你想把自己的事业做大，如果你想挣更多的钱，如果你想让自己的交际圈子更广，毫无疑问，你需要大人物的影响力。每一位"大人物"都是一座"宝藏"，你也可以借助成功者的影响力，从而成为"大人物"。

然而，"大人物"不是那么容易见到的，"大人物"的时间是非常宝贵的，因此结交"大人物"要讲究策略和方法。当你有机会与"大人物"见面或者说上话时，一定要给他们留下好印象，使其对你产生兴趣。

我们可以通过"设问"些开放式的问题来赢得"大人物"的好感。我们需要问的问题应该是开放式结尾的，就是"问正确的问题"，以便对方回答时感觉良好。"开放式结尾"的问题你可能知道，就是该问题不能用简单的"是"或"不是"来回答。

比如，"您是如何创立您的事业的?"

人们大多喜欢讲自己的故事，都希望自己在他人心里成为主角。那么，就让"大人物"与你一起分享他们的故事吧！你要做的就是主动地倾听。

比如，"您最喜欢您事业中的哪一点?"你很快会发现，这个问题将激发出"大人物"良好的正面感觉，并使你获得你正在寻找的正确性回应。它必然远远胜过这个负面性问题："您能告诉我，您最讨厌您事业中的哪一点……"

在交谈过程中，千万别过于关注你想说的话，否则对方就会感觉你并没有全神贯注地听他说话。切记，要让对方说他想说的话，要让对方感觉良好。

另外，对你想结交的"大人物"要有充分的了解，对他们感兴趣的东西要好好学习。有了相同的兴趣，你就可以和他们慢慢地熟悉起来，在交往中会有推波助澜的作用。

你可以通过媒体或其他途径关注他们的情况，了解他们的过去、经历、专业、业务工作、兴趣爱好等；他喜好什么运动、什么物品、是什么性格的人，他喜欢或经常参加什么聚会，他休闲、娱乐的方式有哪些，到什么地方等。

宋林每天早上去上班的时候，总会碰到楼下的园林设计师，但宋林总是和他搭不上话。因为这位园林设计师性情清高孤傲，不容易让人接近。

一次，为了博得老设计师的欢心，宋林事先做了一番调查，他了解到老设计师平时喜欢作画，便花了几天时间读了几本中国美术方面的书籍。他来到老设计师家中，刚开始，老设计师对他态度很冷淡，宋林就装作不经意地发现老设计师的画案上放着一张刚画完的国画，便边欣赏边赞叹道："老先生的这幅丹青，景象新奇，意境宏深，真是好画啊！"一番话使老先生升腾起愉悦感和自豪感。

接着，宋林又说："老先生，您的画体现的是清代山水名家石涛的风格吧？"这样，进一步激发了老设计师的谈话兴趣。果然，他的态度转变了，话也多了起来。接着，宋林对所谈话题着意挖掘，环环相扣，使两人的关系越来越近。

在我们工作中，身边的贵人就是领导，无论是在事业上取得成功，还是升职晋级，都有赖于通过交际行为赢得上级的赏识。在日常工作中，要获得上级的青睐，必须要在细节上"动之以情，晓之以理"。

衣着直接反映一个人的审美观和价值观，而人们总倾向于和那些与自己价值观一致的人亲近。你可以通过领导的穿衣风格来了解他的性格和审美取向，从而注意自己平时的衣着。

注意说话的技巧，尽量做到客观、中庸而不平庸。态度尽量谦恭，不要轻易挑战上级的权威。他对某个重大事件征求你的意见的时候，不要张口就说，可以先问一下他的看法。对他的看法认真听取，分析他的主要目的，在不起导向作用的地方提出锦上添花的建议，不要试图提出截然相反的方案。

与"大人物"交往，首先一定要胆大，敢于去接触他们，与之平等交往。其次，则须注重细节，大人物往往是注重细节的人，与之结交，有很多值得我们注意的细节，不同的人、不同的情境下我们要注意的事情也有所不同。更多的时候我们要自己努力摸索，寻找最恰当的处事方法，让这些大人物成为我们的贵人，为我们的飞黄腾达助力！

赞美别人不被关注的地方

各人有各人优越的方面，至少有他们自以为优越的方面。在其自以为优越的方面，他们固然乐于得到他人公正的评价。但在那些希望出人头地而不自信的方面，他们尤其喜欢得到别人的恭维。

心理学家吉斯菲尔指出："有不少人，他们喜欢听相反的话；更有许多人，喜欢别人把他们当作有思想、有理智的思想家。有一回，我与一个人讨论一件颇有争议的社会问题，我对他说：'因为你是这样的冷静、敏锐，因此我想知道，我们究竟应该站在什么立场？'他听了我的话，立刻现出满面春风的样子，并详细对我说了他对此事的立场。原来此人愿意人家认为他是敏锐、冷静的。"

"几乎所有女人，对于精致的妆容孜孜以求，并且常常希望别人赞美这一点。但是对那些有沉鱼落雁之容、闭月羞花之貌的倾国倾城的绝代佳人，就要避免对她容貌的过分赞誉，因为她对于这一点已有绝对的自信。如果，你转而去称赞她的智慧、仁慈，那么你的称赞，便会令其芳心大悦，春风满面。"

人不分男女，都喜欢听合其心意的赞誉。同时，这种赞誉，能给他们带来加倍的能力、成就和自信的感觉。这确实是感化人的有效的方法。

要使颂扬能够奏效，我们心中就要了解人们性情的不同之处，区别对待，有的放矢，从而达到目的，把事情办好。

每个人身上，常有着难以察觉的闪光点，而这些正是个人价值的生动体现。一个伟大的领导者，往往独具慧眼，大多是赞颂别人的"专家"。美国前总统罗斯福的才能，就表现在能对人给予恰当的称赞上。

人们听到的赞美多了，常常会对一些赞美一笑而过，并不在意。但是如果你说出的赞美对方的话，是别人不常关注的地方，那么你的赞美一定会让对方为之一惊："原来你才是了解我的人！"因为你发现了别人没有注意到的对方身上的优点。

比如，一个长得非常出众的女人，几乎每个人见了都会说："你长得真漂亮。"最初听到这样的赞美，她可能还会在心里有所触动，但是，如果大家都这么说，她会觉得自己的美是大家公认的，别人这么赞美她，她觉得受之无愧，因此不会太在意。甚至，有时候她会觉得，自己的美丽反而让人们忽略了她真正的优点，她并不想被人认为是一个"花瓶"，因此，这种对于漂亮的赞美在她看来成了对她的讽刺。但是，如果你称赞她："你是个非常有才华的人。"她会因为你这么说而非常感动："只有你才真正明白，我的才华才是我最大的优势。"

刘薇是一个化妆品推销员，有一次，她去拜访客户林女士。林女士是个四十多岁的女人，虽然长相平平，但是特别爱打扮。刚到林女士的办公室，刘薇就看到林女士的一头短发，她说："林姐，你的发型真不错，简单而清爽。你真会打扮自己。"林女士听了非常高兴，因为从来没有人说过她的发型好看。

于是在接下来的聊天中，她们聊得非常愉快，从工作聊到生活，然后，很自然地又聊到了美容上面，刘薇便见机把她推销的新产品推介给了林女士。

有时候，我们赞美别人不常被人关注的地方，更容易赢得对方的好感。并且，在赞美的同时，可以更好地表达我们的善意，从而传达我们的信任和情感。

赞美别人不被关注的地方，不仅会带给别人出乎意料的惊喜，而且，也不会让自己被怀疑是在故意奉承讨好。

当然，欣赏别人也得懂得一些技巧。具体该怎么去做呢？

1.要尽量去发现别人不太自信或不被众人所知的优点

如果一个国家级运动员和你第一次见面，你表示欣赏他的运动成绩，只会让他微微一笑，不会产生什么特别的感觉；而当你表示欣赏他的风度和气质时，他可能会非常高兴。

2.赞赏别人不能无中生有

如果你赞赏对方根本没有的优点甚至是缺点，他会怀疑你是在讽刺他；要么认为你是个善于说假话、奉承拍马的人。

3.单独对待每个人总能给人一种被欣赏的感觉

当你到朋友家做客，朋友向你介绍了他的三个孩子后，你不是点头微笑，而是走过去同他们一一握手并问好，他们马上会对你产生好感。

用动听的声音，为你的形象加分

说话是一种非常重要的沟通工具，人们通过说话表明自己的身份，并且决定了外界如何倾听你以及如何看待你。许多人，既有着取得进步的能力也有着前进的动力，却因为"说话"问题阻碍了自己的成功之路。

一位执行董事因其单调、乏味的说话方式，而令自己的管理效果大打折扣；一位高级经理人因为声音粗哑，而与晋升失之交臂；一位广告经理人因为说话的声音软绵绵的并且不清楚，而把原本极具震撼力的创意陈述得平淡无奇；一位销售经理说话像开机关枪一样，让他的客户觉得难受，并且认为无法信任他；一位国际顾问因为说话带着浓重的外国口音，而令人很难听懂他在说些什么。

外界对一个人的判断，并不只是看他的学识或行为，或讲话内容的好坏，也看他讲话的声音。

加州大学洛杉矶分校的一项调查显示，在决定第一印象的各种因素中，视觉印象（即外貌）占55%，声音印象（即讲话方式）占38%，而语言印象（即讲话内容）仅占微不足道的7%！如果是电话交谈，由于不存在外貌因素的影响，声音更是占到83%的比重。

几年前，有一个针对"最不受欢迎的声音"的调查，1000名男女受访者被问及"哪种讨厌或烦人的声音让你觉得最不舒服"。结果，带有哀叹、抱怨和挑剔的口气的声音高居前列。榜上有名的还有：尖锐的声音、刺耳的摩擦声、嘟嘟囔囔的声音、放机关枪似的声音、单调乏味的声音，以及浓重的口音等。

马青远是一家颇有实力的经贸公司的经理，每天都会有许多人打电话与他洽谈合作事宜，而最近他却出人意料地与一家名不见经传的小企业签了一份数额不小的订单。

马青远说："这还真得归功于那位打电话过来的女业务员。其实她也没有什么过人的口才，只是很客观地向我介绍他们的企业和产品。她的声音低沉而有力，语调里传达出语言所无法表达的诚恳、热情和自信，使我不由自主地对她产生了信任。通了几次电话后，我又亲自去实地考察了一番，最终达成了协议。通过这件事我得出一个结论：动听的声音在愉悦听觉的同时，也为说话的人增添了几分吸引力。"

如何使用自己的声音，可以让倾听者对你留下完全不同的印象，可能是果断、自信、可靠、讨人喜欢的印象，也可能是不可信、软弱、讨厌、无趣、粗鲁甚至不诚实的印象。

事实上，糟糕的声音可能会毁掉一个人的职业生涯和人际关系网络。那些过分重视礼仪、穿着和外表的人，往往不约而同地忽视声音在自己给他人留下的印象中所起的重要作用。

你的声音听起来怎么样？经常自我检查，学会利用声音为你的口才增色吧！

第五章

个人形象：打造专属于你的"气场"

......

富兰克林说："宝贝放错了地方便是废物。"人认清自己的优势和长处相当重要，把自己安排在合适的位置上，才能打造出专属于你的"气场"，从而经营出专属于你的有声有色的人生。

......

理想是生命的罗盘

每一次成功都来之不易，每一项成就的取得都要付出艰辛的努力。对于有志向的人而言，不论面对怎样的困难、面对多大的打击，他都不会放弃最后的努力，因为胜利往往产生于努力之下。坚持自己的理想，不要惧怕困境和挫折，要有一种无所畏惧的勇气，振作精神，发奋苦干，争取早日实现自己的理想。

或许我们都曾看到过一些人的不幸，他们有思想、有理想，肯付出努力去追逐成功，但是由于这个过程太艰难，有的人越来越倦怠、泄气，最后半途而废。到后来才发现，如果他们能再坚持得久一点，也许再往前跨一步，他们就成功了。

莱特兄弟并未受过正统教育，他们在读高中时中途辍学。但二人所具备的东西，却远远超过拥有学士头衔的大学生，那就是他们丰富的创意与远大的志向。在接触飞行创作之时，他俩曾到郊外捡牛、马骨头卖给肥料公司，或捡些废金属卖给废铁厂。之后他们也曾开设印刷厂发行报纸，但全都失败了。最后他们开了一间规模很小的自行车店，从事修理及贩卖自行车的生意。

然而，无论做任何生意，两兄弟始终对在空中飞翔的理想无法忘怀。

星期六下午，他们在山坡上，在一片阳光闪烁的草地上，观察秃鹰随着上升气流振翅高飞、白鸽在空中画圆翱翔的景象。

不久，他们在自行车店里制作了风动试验场，开始实验机翼风阻的情形，此外，他们也常以放风筝做实验。最后完成了一架比风筝更大的滑翔机，他们把滑翔机搬运到北卡罗来纳州的基尔德比丘陵。

经过数年对滑翔机的不断试验，莱特兄弟终将引擎装设在滑翔机上，使其成为飞行机。1903年12月17日，是人类历史上值得纪念的一日，莱特兄弟二人商议，由掷铜板决定谁先坐上飞行机，结果由弟弟奥威利先上。那天天气阴暗寒冷，基尔德海岸一带吹着刺骨的寒风，半英里远的海边，浪涛汹涌拍打着海岸。莱特兄弟一行五人准备着飞行事宜，阴寒的天气使他们不得不以跳跃或拍打双手来驱寒。但不管气候多么严寒，奥威利也不能穿着大衣坐上飞行机，因为必须使飞行机载重的负荷减至最低。

上午10时35分，奥威利坐上已发出爆裂声的飞行机，他双腿伸直俯卧，并拉动引擎杆，飞行机顿时发出轰隆的巨响，起飞时排气管也发出怪声，直至它缓缓升高，在天空中摇摇晃晃，足足盘旋了20秒之久，才降落在100米以外的沙地上。

这就是人类最初的飞机，它的出现显然是人类飞行史上的一桩大事。人类自远古以来的飞行理想也终于实现了！自此以后，人类的双脚终于可以离开地面，向着无垠的天空飞去。

兄弟二人终身贯彻独身主义，他们的父亲说过："妻子与飞行机之间，你们只能选择其一。"结果，莱特兄弟毅然选择了飞行机而放弃婚姻。由此可见，兄弟二人对飞行机的执着与热爱。

在追求理想的过程中，在不断遭遇挫折的情形下，往往可能再坚持一下，就会获得成功。可是，越到黎明之前，越会出现一段时间的黑暗。这就需要我们有坚持、坚持、再坚持的勇气。有时候，暴风雨来临前的呼啸，就预示着黑暗快要结束了。

如果人没有理想，就只能在人生的旅途上徘徊，虚度一生。没有理想，就等于失去了行动的方向。很多人找不到自己的理想，原因就在于他缺乏确定自己理想的能力。

那些成功者，善于在行动之前，通过思考和判断，确定适合自己能力发展的理想，因为在他们看来，找到理想就等于成功了一半。

在工作中，有的人比较随意，他们从来没有一个长远的计划和明确的目的，这一点使他们永远被拒绝在成功的门外。一个人只有先有理想，才有成就大事的希望，才有前进的方向。

要改变自己的生活要从有所期望做起，但光有强烈的期望还不够，还得把这种期望变成一个理想。这就是说，你应该用想象力在脑海里把理想绘成一幅直观的图画，直到它完完全全实现。俗话说："有丰富的计划，就有丰富的人生。假如你能确立人生理想，就已经踏出成功的第一步。"

譬如，你对自己的学习成绩不够满意，想提高成绩，取得更高分数。那么你就必须确立一个明确的目标，而不是模糊不清的想法。像"我想让更多的课程达到及格分数"或者"我想取得更好的成绩"之类的想法是不行的。你的期望必须是一种具体的理想，如"这学期的五门课程我一定要通过其中的四门"，或者"这学期我一定至少要得两个A和两个A+"。

如果你的理想是想获得更好的工作，那你就必须把是怎样的工作具体描述出来，并自我限定准备哪一天得到这份工作。你绝不能对自己说："我希望有一个更好的工作，也许是推销员吧！"你必须用肯定的语气说："我希望有一个更好的工作，没错，我想当推销员。我要推销某种商品。我去找叔叔谈谈吧，向他请教请教，因为他已从事好几年的推销工作了。然后我向招聘推销员的7个公司发送我的简历，过一个星期，我再致电每家公司，请他们为我安排一次面试。"

如果你的理想是使家庭更加美满幸福，那你就必须确切地描述一下如何使你的婚姻状况得到改善。你必须把你所希望出现的那种美满婚姻描述出来——希望与伴侣能够更深入地沟通，把所有藏在心中的话都说出来；你为了改变生活准备采取什么行动；你们夫妻俩能一起参加某项活动；你还必须找出最有利于沟通的时间，但千万别是对方拖着疲惫的身体刚踏进家门时。

美国电影演员理查·伯顿通过切身体验发现，制定一个理想是多么重要！他是一个声誉极高的演员，事业上颇有成就。可有一次他表演失败了，一时想不开，便常常喝得酩酊大醉，想以此消愁，结果是借酒消愁愁更愁，不仅糟蹋了自己的身体，还差点毁了自己的演艺生命。

后来，伯顿在其主演的一部影片获得极大反响以后，决心要戒酒。因为他逐渐感到，由于酒喝得太多，他甚至连台词都记不住了。他说："我很想见见与我合作过的那些演员，我知道他们的演出都十分出色，可我现在连一个镜头都回想不起来了。"

这一痛苦经历促使他产生了要改变自己生活的强烈愿望。他有了一个具体的理想，那就是严格地控制自己，过一种与酒告别的生活。他对自己期望的未来制定了明确的目标，甚至对与喝酒的朋友在一起会损失什么，也认真考虑了一番。他明白，在漫长的人生旅程中，他必须改掉自己的一些不良习惯，他也相信，只要确定了某个具体目标，自己就能实现它。

伯顿为自己制订了一个治疗计划，每天游泳、散步，并严禁喝酒。经过两年的努力，他终于达到了目的。他又重新组建了一个家庭，过着美满、幸福的新生活，他兴奋地说："我的工作能力完全恢复了。我发现自己的动作或思考都比酗酒时更加敏捷，精力更充沛，脑子转得也更快了。"

心理学上有一种"自我暗示"的方法，即运用潜意识将你比较明确的理想深刻印在心中。拿破仑借助此法，让自己从一个科西嘉穷人，最后成为法国的君主；林肯也是借助于同样的方法，跨越了一道道鸿沟，走出肯塔基山区的一栋小木屋，最后成为美国总统。

如果一艘轮船在大海中失去了方向，在海上打转，它很快就会把燃料用完，却仍然到达不了彼岸。事实上，它所用掉的燃料，已足够使它来往于两岸好几次。

一个人若是没有明确的理想，以及达成这项理想的计划，不管他如何努力工作，都像是一艘失去方向的轮船。辛勤的工作和一颗善良的心，并不足以使一个人获得成功，因为，如果一个人并未在心中明确地确立理想，那么，他又怎能知道如何才算是获得了成功呢？

......

发现自己的优势，经营自己的长处

专家通过研究发现，人类有400多种优势。这些优势本身的数量并不重要，最重要的是你要知道自己的优势是什么，之后要做的则是将你的生活、工作和事业的发展都建立在这些优势之上，这样你就会成功。

小兔子被送进了动物学校，它最喜欢跑步课，并且总是得第一；最不喜欢的则是游泳课，一上游泳课它就非常痛苦。但是兔爸爸和兔妈妈要求小兔子什么都学，不允许它有所放弃。小兔子只好每天垂头丧气地到学校上学，老师问它是不是在为游泳太差而烦恼，小兔子点点头，盼望得到老师的帮助。老师说："其实这个问题很好解决，你的强项是跑步，游泳是弱项，这样好了，你以后不用上跑步课了，可以专心练习游泳。"

中国有句古话："只要功夫深，铁杵磨成针。"讲的是只要坚持不懈，就一定能成功。但是看了上面这个寓言的人可能会意识到，小兔子根本不是学游泳的料，即使再刻苦它也不会成为游泳能手；相反，如果训练得法，它也许会成为跑步冠军。

成功必须"扬长避短"。研究者发现，尽管其路径各异，但成功都有一个共同点，那就是"扬长避短"。传统上我们强调弥补缺点，纠正不足，并以此来定义"进步"。而事实上，当人们把精力和时间用于弥补缺点时，就无暇顾及增强和发挥优势了，更何况大部分人欠缺的能力比优势能力多得多，而且大部分的欠缺是无法弥补的。

那么，怎样确定自己的优势在哪里呢？

一个很简单的方法可以让你知道你的优势是什么。比如，当你看到别人做某件事时，你心里是否会有一种召唤——"我也想做这件事"；当你完成一件事时，你是否会有一种满足感或欣慰感；你在做某类事情时非常快，无师自通，这是一个重要信号；当你做某类事情时，你不是一步一步去做，而是行云流水般地一气呵成，这也是一个信号。

很多人会发现自己在做许多事情时需要学习，需要不断地去修正和演练。而在做另外一些事情时，却几乎是自发的，不用想就可以本能地去完成这些事情，这就是你的优势。

是兔子就去跑，是鸭子就去游泳！发现自己的优势，才能最大限度地发挥出自己的才能。

爱因斯坦在20世纪30年代曾收到以色列当局的一封信，信中邀请他去当以色列总统。爱因斯坦是犹太人，若能当上以色列总统，在一般人看来，自然是荣幸之至了。但出乎人们意料的是，爱因斯坦竟然拒绝了。

他说："我一生都在同客观物质打交道，既缺乏天生的才智，也缺乏经验来处理行政事务以及公正地对待别人。所以，本人不适合担当如此高官重任。"

大文豪马克·吐温曾经经商，不仅将自己多年用心血换来的稿费赔了个精光，还欠了一屁股债。妻子奥莉姬深知丈夫没有经商的本事，却有文学上的天赋，便帮助他鼓起勇气，振作精神，重走创作之路。最后马克·吐温终于摆脱了失败的痛苦，在文学创作上取得了辉煌的成绩。

人生成功的诀窍就是发现自己的优势，经营自己的长处。在人生中，一个人如果站错了位置，用他的短处而不是长处来谋生的话，那会异常艰难，他可能会在卑微和失意中沉沦。

因此，认清自己的优势和长处相当重要，把自己安排在合适的位置上，才能经营出有声有色的人生。

……

唤醒心中"沉睡的巨人"

有人曾说过："1分钱和20块钱如果同时被扔进大海中，它们的价值就毫无区别。"只有当你将它们捞起来，并按照正确的方式使用时，它们才会各自显现价值。

我们大多数人的体内都潜伏着惊人的能量，但这种潜能平常在"酣睡"着，一旦被激发，便能使人成就一番大事！

很久以前，有位老人在自己的土地上挖掘出大量的石油，使他在一夕之间成为百万富翁，穷苦了大半辈子的他，发财后马上买了一辆凯迪拉克高级轿车。这辆车堪称当时款式最新、马力最强的车型，但老人却完全没有真正地驾驶过它，因为在这辆气派非凡的汽车前面，老人安排了两匹马儿负责拉车，即使机械师再三保证汽车本身的引擎完全正常，但是老人却从没想过要用钥匙激活引擎！

事实上，许多人都犯了相同的错误，他们只知道车外那两匹马的力量，却不知道车内的引擎足足有一百匹马力之强，正如心理学家所说："人类本身具备的能力往往只发挥了2%~5%。"

尼亚加拉大瀑布在过去上千年的岁月里，始终有上万吨水从180英尺的高处倾泻至深渊中。有一天，有人实行了一项伟大的计划，他让部分落下的水流经过一个特殊装置，进而产生强大的电力。从此以后，这种新能源为人们的生活带来了诸多的便利，甚至推动了工业的发展。

实际上，只有当人们发现并利用瀑布的能量后，瀑布的水力才具有特殊的价值与意义，否则充其量也只是个壮观的风景，因此，我们也应该努力地去发掘并利用自身的潜能。

有个年轻人非常向往到商界中发展，并成就一番事业，但在决定进行自己的计划之前，他开始怀疑自己，因为他发现自己缺少经商的素质和能力。他在大学学的是印刷，除了与印刷相关的知识以外，他几乎什么都不懂。他毕业后便一直在工厂担任工程师，很少与公司以外的人接触，和陌生人说话时就像个害羞的大男孩，不知道应该把手放在哪里，与女性说话时，甚至还会脸红。他想开一家印刷厂，可是他对开办公司的注册手续以及相关的法律规章一窍不通。

最后，他得出一个结论："我生来就不善与人打交道，如果要和人谈生意，很难获得成功。开公司不是件简单的事，必须要和人谈生意，必须接触许多人、谈许多条件，我不懂得沟通技巧，开公司只不过是痴人说梦罢了。看来我注定一辈子都要当个朝九晚五的上班族了。"

看到这里，你是不是心里也这样想："是啊！每个人都有适合自己的位置，何必羡慕或强求不属于自己的东西呢？天生个性如此，怎能轻易改变，还是安分守己吧！"

但是上述这位年轻人的想法并非这样，虽然他的信心曾经动摇过，不过他从来没有放弃。在亲人和朋友的鼓励下，他开始试着培养和别人交际应对的能力。慢慢地，他能轻易地周旋于各种人物之中，上至政府官员，下至餐厅的服务生，他惊讶地发现，原来自己也可以轻松地赢得好人缘。

他开始向印刷厂的资深员工虚心请教，学习如何排版、如何选纸，试着了解各种机器的性能、各种品牌油墨的特性，等等。另外，他也结交了许多印刷厂的朋友，而他们也热心地帮助他筹集资金、指导注册手续，甚至教他如何招聘员工，并传授他许多宝贵的管理经验。

不久，年轻人的公司成立了。由于广泛的人脉关系，他的生意越做越好，财源滚滚，公司规模越来越大。几年后，他从一位腼腆的上班族变成了一位意气风发的大老板。

《圣经》中有个关于才能的故事，大意是说上帝曾经分别给了三个人几种才能，不过第一个人只有一种才能，第二种人有三种才能，第三个人有五种才能。一段时间之后，上帝突然问起他们在此期间都做了些什么事情。第三个人回答说："我利用5种才能努力工作，结果却因此具备了10种才能。"上帝听完之后，很高兴地夸奖他："你做得很好！由于你善于利用才能，因此我将赋予你更多的才能。"

第二个人也同样增加了自己的才能，但是第一个人却抱怨说："主啊！你给了别人很多才能，却只给我一种，真是不公平啊！我知道你是既严厉又残忍的主，所以我把你给我的才能给埋葬了。"上帝闻言后，很生气地说："你真是又懒又坏！"随后便取走了他的才能，转而恩赐给其他两个人。

每个人身上都存在着未被开发过的领域，若你认为"天生就是如此"，其实是对自己缺乏正确的认识，就像小河觉得自己只是流动的液体，却没发现自己也可以是飘浮在空中的水蒸气。我们经常听别人说："能者多劳。"这句话的意思就是要人们掌握并利用自身的才能，使我们在不断增加才能的同时，也因此得到更多的利益与收获。当你发觉自我的巨大潜能时，你的生命价值才会因此真实展现出来。

因为有了缺憾，才有希望

人人都追求没有缺陷的东西，但是世界上绝对完满的事物几乎是不存在的。人生也有许多不完美之处，每个人都会有各式各样的缺憾。但人生的缺憾有其独特的意义，因为有了缺憾，我们才有梦，才有希望。没有缺憾我们便无法去衡量完美。我们不能杜绝缺憾，但我们可以用自信来升华和超越缺憾，缺憾可以成为我们努力的某种动力。

有这样一个故事。孙老汉家有五个儿子，一个忠厚但比较呆板，一个调皮但比较精明，另外三个一瞎、一驼、一跛。按说这种家庭一定难以生存。但孙老汉知人善用，让老实的儿子务农，调皮的儿子经商，失明的儿子按摩，驼背的儿子搓绳，跛脚的儿子纺线。结果全家人各尽其才，安居乐业，衣食无忧。

其实，缺憾也是一种美。美真正的价值往往不在于它的完整，而在于那一点点残缺，就如同缺失双臂的维纳斯，她能给人以无限的遐想，美丽也就在这样一种缺憾和遐想中诞生了。

有个圆被切去了很大的一块角，它想让自己恢复完整，没有任何残缺，于是四处寻觅失落的部分。因为它残缺不全，只能慢慢滚动，所以能在路上欣赏鲜花，能和毛毛虫聊天，享受阳光。它找到各种不同的碎片，但都不合适，所以只能把它们留在路边，继续往前寻找。

有一天，残缺的圆找到了一块非常合适的碎片，开心得很。把它胡乱地拼上，开始滚动。现在它是完整的圆了，能滚得很快。但它却发觉因为滚动太快，看到的世界好像完全不同，于是它停止了滚动，把补上的碎片丢在路边，又慢慢地滚走了。

人生是伟大的，因为有无可奈何的缺憾。品味缺憾，犹如品味一串火红的辣椒，在你辣得酣畅淋漓的同时，也享受了一份特有的付出和满足。

贝多芬，这位音乐天才，竟然在正值创作高峰时双耳失聪。这对一个以音乐为生的人来说是多么大的打击。当时人们也纷纷表示惋惜，难道这少有的天赋就此要被淹没了吗？但贝多芬就是在这巨大的缺憾面前产生了蓬勃的创作欲望，雄浑与悲壮的《第九交响曲》响彻了几个世纪，绵绵不息。若他的音乐道路一帆风顺，又怎会有缺憾过后的成就？

不完美是生活的一部分，拥有缺憾是人生另一种意义上的丰富和充实。我们只有放弃完美，才能拥有自信自爱，才能真正地认识和确立自己的价值、选择和追求。能认识到自己有缺憾，勇于放弃不切实际的梦想的人，才会更加努力实现自己的价值。

"饥饿没有什么可怕的，爸爸。"一个耳聋的男孩苦苦地央求父亲将他从救济院接出去，让他去获得接受教育的机会，"我们会生活在一个物质充足的社会中，并且，我知道怎么样来防止饥饿，至少穷人都是靠一点点糖果来维持生存的，感到饿得难受时，他们就用一根带子把自己的肚子勒紧，不是吗？为什么我不能这样？再说，灌木丛长满黑梅和坚果，而原野上到处都可以找到萝卜，它们都可用来充饥。一个干草垛就是一张很好的床……"

这个可怜的耳聋男孩就是基托，一个有着酒鬼父亲的"小乞丐"。然而，正是这个孩子，后来成了有史以来最优秀的《圣经》学者之一。他没有因为出身的卑微、先天的缺憾而悲伤沉沦，最终通过自己的努力而名扬世界。

如果说人生是一本书，缺憾就是一串串省略号，空白之处，蕴含着深刻的哲理；如果说人生是一幕音乐剧，缺憾就是一个个休止符，无声之中酝酿着新的活力，一瞬间的寂静，凝聚起下一个乐章的序幕。

一位住在弗吉尼亚州的农场主当初买下这块地的时候不被任何人看好，因为这块地实在是太差了，既不能种水果，也不能养猪，只能生长白杨树和响尾蛇。别人都以为这块地一文不值，但是这位农场主想了个点子，把缺憾变成了资产。

他的做法让人很吃惊，他开始做起了响尾蛇的生意。他把从响尾蛇口里取出来的毒液送到各大药厂制造蛇毒血清，把响尾蛇肉做的罐头销售到世界各地，把响尾蛇皮以很高的价钱卖出去，用来做女人的皮鞋和皮包。总之，他的农场既没有种水果，也没有养猪，只是饲养响尾蛇，而他的生意却是越做越大，每年来这里参观他的响尾蛇农场的游客就有好几万人。

现在这位农场主所在的村子已改名为弗州响尾蛇村，就是为了纪念这位先生把"酸苦的柠檬"做成了"甜美的柠檬汁"。

不要期望上天赐给我们现成好喝的"柠檬汁"，事实上，上天总是处处用缺憾"刁难"我们，这简直让我们憎恨，却又无可奈何。如果你拿到了又苦又酸甚至还有毒的"柠檬"，也不要抱怨，自己想办法把它剖开、切片、榨汁，细细地加工处理，然后静静坐下来，好好享受历经千辛万苦才得到的宝贵的"柠檬汁"。也正因为有了这个过程，你手里的"柠檬汁"

才愈加珍贵，愈加香甜，这时你会感谢上天给你的这个 "柠檬"。

从现在开始，肯定每一次挫折与失败，肯定每一次成功与喜悦，勇敢地活在当下永不言悔，你必将走出一条全新的人生道路，一条充满阳光与风景、遍布谐意与轻松、通向成功彼岸的阳光大道。

……

别盲目自信，善于听取意见

梭罗说，别人的批评，不管是否过分，只要你保持着一份耐心而且能够合理地去对待，你就能够有所收获，善于接受别人的批评是成功者隐形的翅膀，许许多多有大成就的人，都是因为这对隐形的翅膀而成功的。

别人批评你，给你提出意见，你该如何对待？大部分人的第一反应就是为自己辩护，更糟的是予以反击。然而，当批判被看成是具有伤害性且不道德的同时，也可以从一个积极的角度去看待：批判是诚实的，而且可以激励我们做得更好。

一个人的智慧是有限的，一个人对事物的认识也会受局限性的影响。古人云，"智者千虑，必有一失""当局者迷，旁观者清"。一个人再深思熟虑，都难免有疏漏和不当之处。我们对发生在自己身上的事情并不一定很清楚，但旁边的人却看得很明白。

　　然而有些人总是盲目自信，一听到反对意见，轻则脸红脖子粗，怒目相向，重则拍案而起，反唇相讥，甚至拳脚相加。人最容易犯的错误，就是过于相信自己，听不进别人的意见。

　　刚愎自用、妄自尊大、听不进别人意见的人，会自己阻碍自己进一步的发展。只有不断地从他人的见解中汲取合理的有益的成分，来弥补自己的不足，才能减少失误，取得成功。

　　鹰王和鹰后发现了一片茂密的森林，它们非常高兴，打算在这里定居下来。它们挑选了一棵枝繁叶茂的枫树，在最上面的一根树枝上开始筑巢，准备夏天在这儿孵养后代。

　　附近的一只鼹鼠听到这个消息后，大着胆子向鹰王提出警告："这棵枫树一点都不安全，你瞧！它的根几乎全腐烂了，随时都有倒掉的危险，你们最好不要在这儿安家。"

　　鹰王根本听不进鼹鼠的劝告，冲着它大喊："哈哈，真是怪事！你是什么东西，竟然胆敢来干涉鸟大王的事情？我们老鹰难道还需要你小小的鼹鼠提醒吗？你们整天躲在洞里，怎么能有我们老鹰这样锐利的眼睛呢？"

　　鹰王和鹰后马上就开始忙活起来，当天就全家搬了进去。过了不久，窝里就多出了几只可爱的小家伙。

　　一天早晨，一阵大风吹来，那棵枫树摇晃了几下，轰然倒下了，外出打猎的鹰王带着丰盛的早餐飞回家来，却发现它的鹰后和儿女们都已经摔死了。

　　鹰王悲痛不已，它放声大哭道："我多么愚蠢啊！我把最好的忠告当成了耳边风，所以命运就给予我这样严厉的惩罚，我从来没有想到，一只鼹鼠的警告竟会这样准确，真是怪事！"

　　谦恭的鼹鼠答说："轻视别人的忠告是不明智的，你如果能仔细想一想，我本来就在地底下打洞，和树根十分接近，树根是好是坏，有谁比我知道得更清楚呢？"

不要总认为自己高高在上，无所不能，更不能目空一切，听不进去别人的忠告，即使你有纵览全局的雄才大略，而别人只能做一些微不足道的小事，但尺有所短，寸有所长，一个人再有能力，也有失策的时候，虚心听取别人的意见，永远不会错。

勇于承认错误，主动接受批评；不断追求进步；多听取他人的意见和建议，接受 "良师" 的指点；事后认真反省，努力改变自己。只有这样，才能培养自省的态度和勇气，才能在不断地反思中重新认识自己，从而寻求进步和奋发向上的动力。

美国总统罗斯福是一个非常聪慧的人，当他去打猎的时候，他会请教一位猎人，而不是去请教身边的政治家。当然，当他讨论政治问题的时候，他也绝不会去和猎人商议。

有一次他外出打猎，和他一起去的是一个牧场工头儿。他看见前面来了一群野鸭，便追过去，举起枪来准备射击。但这时那个工头儿早已看见不远的地方还躲着一头狮子，忙举手示意罗斯福不要动，罗斯福眼看野鸭快要到手，于是对他的示意没有理睬。结果，狮子听到枪声后跳了出来，逃到别处去了。等到罗斯福瞧见，再赶紧把他的枪口移向狮子时，已经来不及开枪，只好眼睁睁地看着它逃跑了。牧场工头儿瞪着眼睛，向他大发脾气，骂他是个傻瓜、冒失鬼，最后还说："当我举手示意的时候，就是叫你不要动，你连这点儿规矩也不懂吗？"

面对牧场工头儿的责骂，罗斯福竟然 "逆来顺受"，并且以后打猎的时候也毫不怀疑地处处对他服从，好像小学生对待老师一般。罗斯福深知，在打猎问题上，对方确实高他一筹，因此，对方的指教于他的确是有益处的。

古语说得好："兼听则明，偏听则暗。"听取别人意见，请教别人，不能在乎对方的身份地位，要对事不对人，只要是好的意见，我们都要虚心接受。如果唐太宗没有听取魏征的谏言，对自己的行为从不进行批评，怎么可能出现"贞观之治"的繁盛景象？如果达·芬奇没有听取老师的批评和建议，怎么可能成为世界著名画家……所以，我们要注意听取他人的意见，这样才能使自己永立不败之地。

当然，听取别人的意见并不代表不相信自己。相信自己是成功的前提，听取别人的意见也是取得成功必不可少的条件。一个人如果能经常听取别人的意见，会使自己增长很多见识，让自己少走很多弯路，从而赢得更多的时间去追求完美，更快地走向成功。

"三个臭皮匠，赛过诸葛亮。"我们遇事要多与他人商量，要善于听取他人的意见，既不能一味地盲从，不加选择地听取别人的意见，也不能人云亦云，而是择其善者而从之。做到这些，你才能和他人更好地合作，而不会因为一意孤行使自己的发展受到限制。

……

纠正优柔寡断的"短板"

总是无法获得成功的人往往是那些举棋不定、犹豫不决的人。如果一有事就要去和他人商量，不自己做决定，而依靠他人，这种主意不定、意志不坚的人，既不会相信自己也不为他人所信赖。

现在，社会上最受欢迎的是那些有巨大创造力并有非凡经营能力的人。有些人往往只知道按部就班地听从别人的安排，去做一些已经安排妥当的事情，而且凡事都要有人详细地给予指示，这样的人主动性太差，很难取得大成就。唯有那些有主张、有独创性、肯研究问题、善于经营管理的人才能真正获得成功，也正是这种人，充当了人类的开路先锋，促进了人类的进步。

很多人，有时事情明明已经详细计划好，也考虑周全了，但真正执行起来仍然前怕狼后怕虎，不敢贸然行动，左右思量，不能决断。最后，脑子里的念头越来越多，对自己也越来越没有信心，最终什么事也做不成。

一个渴望成功的人，一定要有坚决的意志，不可染上优柔寡断、迟疑不决的恶习。在做事之前，必须要确定自己已经做好决定，即使遇到任何困难与阻力，即使出现一些错误，也不要怀疑自己的能力，准备撒腿就走。我们处理事情时，事前应该仔细地分析思考，对事情本身和环境做出正确的判断，然后再做出决定；而一旦决定做出了，就不能反复对事情和决定产生怀疑和顾虑，也不要管别人说三道四，只要全力以赴去做就可以了。做事的过程中难免会出现一些失误，但不能因此心灰意冷，应该把困难当教训，把挫折当经验，要相信以后会顺利些，这样成功的希望就会更大。在做出决定后，如果还心存疑虑、反复思量，便无法有效地推进事情的发展。

有一个让人深思的故事：

某地发生水灾，整个乡村都难逃厄运，村民们纷纷逃生。一位上帝的虔诚信徒爬到了屋顶，等待上帝的拯救。

不久，大水漫过屋顶，刚好有一只木舟经过，舟上的人要带他逃生，这位信徒胸有成竹地说："不用啦，上帝会救我的！"木舟就离他而去了。

片刻之间，河水已没过他的膝盖。

刚巧，有一艘汽艇经过，来拯救尚未逃生者。这位信徒却说："不必啦，上帝一定会救我的！"汽艇只好到别的地方救其他的人。

几分钟后，洪水高涨，已到了信徒的肩膀。这个时候，有架直升机放下软梯来拯救他。他死也不肯上飞机，说："别担心我啦，上帝会救我的！"直升机也只好离去。

最后，水继续高涨，这位信徒被淹死了。

死后，他到了天堂，遇见了上帝。他大骂道："平日我诚心向您祈祷，您却见死不救。算我瞎了眼啦。"

上帝听后叫了起来："你还要我怎样？我已经给你派去了两条船和一架飞机！"

如果没有做决断的能力，那么就会像深海上的一叶孤舟，永远漂流在一望无际的大海上，到不了成功的目的地。

造船厂里有一种力量强大的机器，能把一切废铜烂铁毫不费力地压成坚固的钢板。善于做事的人便如同这部机器一般，他们做事快速敏捷，只要他们决心去做，大多数问题到了他们手里都会迎刃而解。

一个人如果目标明确、胸有成竹，那么他绝不会把自己的计划拿来与人反复商议，除非他遇到了在见识、能力等各方面都高过自己的人。在做决策之前，他会仔细考察，然后制订计划，采取行动；这就像在前线作战的将军必须首先仔细研究地形、战略，而后才能拟订作战方案，然后再开始进攻一样。

一个头脑清晰、判断力很强的人，往往有自己坚定的主张，他们绝不会糊里糊涂，投机取巧，更不会永远处于徘徊中，一遇挫折便赌气放弃，使自己的事业前功尽弃。只要做出决定，他们便会一往无前地去执行。

英国的基钦纳将军就是一个很好的典型。这位沉默寡言、态度严肃的军人威猛如狮、出师必捷，他一旦制订好计划，确定了作战方案，就绝不会再三心二意地去与人讨论、向人咨询。在著名的南非之战中，基钦纳将军率领他的驻军出发时，除了他和他的参谋长外谁也不知道要开赴哪里。他只下令，要预备一辆火车、一队卫士及一批士兵。此外，基钦纳不动声色，甚至没有电报通知沿线各地。

战争开始后，有一天早晨六点钟，他突然出现在卡波城的一家旅馆里，他打开这家旅馆的旅客名单，发现了几个本该在值夜班的军官的名字。他走进那些违反军纪的军官的房间，一言不发地递给他们一张纸条，上面是他的命令："今天上午十点，专车赴前线；下午四点，乘船返回伦敦。"基钦纳不管军官们的解释和辩白，更不听他们的求饶，只用这样一张小纸条，就给所有的军官下了一个警告，杀一儆百。

基钦纳将军有无比坚定的意志又异常镇静，做任何事从来胸有成竹，凡事都能冷静而有计划地去做，所以他常常马到成功。

牢记，机会只敲一次门，成功者应该善于当机立断，抓住每次机会，充分施展才能，要正视自己的不足，纠正优柔寡断的短板，抛弃那种迟疑不决、左右思量的不良习惯，这样才能最终获得成功。

天生我材必有用

    一个人放弃自我意味着什么？意味着去模仿别人，跟在别人的屁股后面跑。像这样把别人的本领误以为是自己应该追逐的东西，多半不能成大事，即使能有所成，恐怕也不能长久。这一点，对于想要成功的人来说，是一大忌讳。

    美国北卡罗拉那州的艾莉丝从小就是个个性极为敏感羞怯且身材略胖的女孩儿，再加上她母亲古板的教育方式，告诉她穿漂亮的衣服是愚蠢的表现，像那样的"洋娃娃"充其量只是这个世界的装饰品。而且衣服太合身容易撑破，不如做得宽大一点。因此在这样的家庭环境下成长的她，从不参加任何聚会，也没有什么事让她开心。上学后，她也不参加同学们的任何活动，甚至连体育活动也不参与。原因是，她总觉得自己跟别人"不一样"。

    长大后，她嫁了一位年纪大她几岁的先生，但她还是没有任何改变。她的丈夫来自一个稳重而自信的家庭。她想要成为丈夫家人那样，但就是做不到。她努力模仿他们，却总是不能如愿，她丈夫几次尝试帮她突破自己，也都适得其反，她的情绪越来越容易失控，变得紧张易怒，害怕见到任何朋友，甚至一听到门铃声都非常惊慌！后来，她觉得自己就快要崩溃了。但她仍尽力维持一切安好，不希望丈夫发现真相，所以每次在公共场合，她都尽量装得十分开心，有时甚至夸张过了头。到最后她竟然产生了自杀的念头。

但艾莉丝没有自杀，而是充满自信地活了下来。

是什么事改变了这位想自杀的妇人呢？只是一句不经意的话。有一天，她的婆婆和她谈起她是如何教育自己的子女，她说："不论遇到什么事，我都坚持让他们保持自我……""保持自我！"这几个字像一道灵光闪过艾莉丝的脑袋，她发现所有的不幸都起源于她把自己套入了一个不属于自己的模式里了。

一夕之间她变了！她开始试着保持自我。她首先研究了自己的个性，认清自己，并找出自己的优点。她开始学习怎样配色与选择衣服样式，从而穿出自己的品位。她也开始主动结交朋友，并加入一个团体——虽然只是一个小团体。当人们请她筹办某项活动时，她刚开始很害怕，但是通过多次实践，她获得了更多的勇气。尽管这是一个相当漫长的过程，她花了相当长的时间来培养自信，但现在的她比过去快乐许多。

这个故事说明了保持自我的重要性。有专家指出，人类很多精神及心理方面的问题，其隐藏的病因往往是患者不能保持自我。著名作家安吉罗·派屈写过13本书，还在报上发表了几千篇有关儿童训练的文章，他曾说过："一个人最糟的是不能成为自己，不能在身体与心灵中保持自我。"

尽管大多数人都知道保持自我的重要性，但模仿他人的现象仍有很多，无论是在我们日常生活中还是在众星闪烁的好莱坞。好莱坞著名导演山姆·伍德曾说过，最令他头痛的事，是帮助年轻演员学会如何保持自我。刚刚入行的年轻演员几乎都在模仿以往成功的老演员，"观众已经尝过那种味道了，"山姆·伍德不停地告诫他们，"观众现在需要点新鲜的。"

山姆·伍德在导演《别了，希普斯先生》和《战地钟声》等名片前，经营房地产事业很多年，因此他身上有着一种销售员的个性。他认为，商界中的一些规则在电影界也完全适用，完全模仿别人可能会一事无成。"经验告诉我，"山姆·伍德说，"尽量不用那些模仿他人的演员，这是稳定票房的最保险做法。"

保罗·伯恩顿是一家石油公司的人事主任，他曾谈及求职者所犯的最大错误。他面试过的人超过6000名，也写过一本名为《求职的六大技巧》的畅销书，所以对这个问题他的看法应该是比较可信的。他说："求职者所犯的最大错误，就是不能保持自我。他们常常不能坦诚地回答问题，只想说出他认为你想听的答案。"可是那一点儿用也没有，因为很少有人愿意听不真实的、虚伪的话。

威廉·詹姆士曾说过，一般人的心智能力使用率不超过10%，大部分人不太了解自己还有哪些才能。与我们应该取得的成就相比，其实我们还有一半以上的能力是潜在的、等待"开发"的，我们只运用了自身能力的一小部分。人往往都活在自己所设的限制中，我们拥有多种潜能，却不能充分地运用它们。

既然你我都有这么多未开发的潜能，又何必担心自己不能像其他人一样成功呢？

遗传学告诉我们，每个人都是由父亲和母亲各自的24条染色体组合而成，这48条染色体决定了你的遗传特性，每一条染色体中有数百个基因，任何单一基因都足以改变一个人的一生。所以，你在这世上是独一无二的。以前既没有像你一样的人，以后也不会有。

人们往往不是被他人打败，真正的敌人往往是他们自己。你要想成大事，就必须完全相信自己是有用之材。

首先你要相信自己是个有用的人，自信能让你精神抖擞，面对任何事情都能应付自如。反之，如果你的精神萎靡不振，做起事来瞻前顾后，那么便无法获得成功。精神生活层面已"自杀"的人，如何成就大事呢？

其实，每个人都有自己的长处，也都有其存在的价值。作为一个普通人，如果想做出一番轰轰烈烈、流传千古的事业，机会或许很少，能力也许不够，但因为我们的存在，世界才变得如此可爱，因为我们的努力，社会一次次发展才如此耀眼。你的真心付出，让家庭充满幸福气氛，让亲人之间情感融洽，这不就是贡献吗？你的辛勤工作创造了财富，得到了回报，这不就是贡献吗？人生在世，绝对是"天生我材必有用"。

当然，自信是有基础的。缺乏本身足以自傲的能力，一味地盲目自信，那是自大，是不可取的。只凭吹捧也只能得意于一时，也许在某次受挫后，自信心便会全盘瓦解。生活中才能并不出众、表现平平、安分守己的人占大多数，也许你觉得自己没有可骄傲之处。正是这些想法，成为我们成就大事的障碍，成功之路由此被自己阻断。殊不知，平凡不等于平庸。伟大出自平凡，只要我们多一分信心，离成功就更近一步，不要老让自己泄气，很多成大事者就是那些拥有坚强信念的普通人。

美国第40任总统罗纳德·里根就是一个充满自信的人。在成为总统之前，他只是一位名气不大的演员，但他立志要当总统，并相信自己一定可以做到。从22岁到54岁，里根一直是在演艺圈发展，对于从政完全是陌生的，更没有什么经验可谈，可以说是半路出家。但当机会来临时——共和党内的保守派和一些富豪们竭力怂恿他竞选加州州长，里根毅然决定放弃自己从事了大半辈子的职业，转而投入政坛。结果大家都很清楚，里根连任了两届美国总统。

积极的心态能助人取得成功，反之，消极的心态则可能会毁掉所有成功的可能性，如果继续让消极的人生观"驻足"在你身上，它的破坏力甚至可能会"侵蚀"你的健康。相关的一项调查表明，在所有病人当中，大约75%的病人患有不同程度的忧郁症。这是一种不正常的心态，会引发无谓的烦恼。忧郁症是所有不正常症状的开端。简单来说，患有忧郁症的人由于身上背负着沉重且无谓的压力，一旦压力摧毁了自信心，他便相信自己患有某种想象中的疾病，其实，那不过是幻想的产物罢了。

拿破仑·希尔曾讲述过这样一个生活案例：

N先生的妻子得了肺炎，当希尔赶到他家中时，他见到希尔的第一句话就是："如果我妻子死了，我将不相信这世上有上帝存在。"他请希尔来，是因为医生已经对他说，他妻子活不了了。他的妻子把丈夫和两个儿子叫到床边，向他们道别。

希尔赶到之后，看见N先生在前厅啜泣，两个儿子则在尽力安慰他。当希尔走进N太太房间时，她已经严重地感到呼吸困难，护士告诉希尔说，她的情绪很低落。希尔很快就发现，这位N太太请他过来，无非是要拜托他在她死后，请他照顾她的两个儿子。

在希尔听完她的请求之后，语气坚定地对她说："你绝对不能放弃希望，你不会死的。你向来就是一位坚强且健康的女人，我不相信上帝会带走你，也不相信上帝要让你把你的儿子托付给我或任何人。"希尔和她谈了很久，并做了一次祈祷，祈祷她早日康复。希尔告诉她，要对上帝有信心，以意志力来对抗每一个呼唤死亡的病菌。然后，希尔离开了N先生的家。

临走前，希尔说："教堂礼拜结束后，我会再来看你，到时候，你肯定会比现在好得多。"那天下午，希尔如约又去拜访。N先生这次竟面带微笑地迎接希尔的到来。他说，希尔早上离开之后，他太太就把他和儿子们叫进房里，向他们说道："希尔博士说，我不会死，我将会康复，我现在真的觉得好多了。"

最后，N太太完全康复了。这就是信念的力量，这就是信念创造的奇迹。

每个人必须笃信自己是有用之材，以下介绍几种在生活中增强自信

的简单方法，如能熟记这几项，并努力实践，你必定能成为一个充满自信的人。

1.主动和别人说话

养成主动与人说话的习惯很重要。越是敢主动和人谈话，越代表你十分有自信，你不怕被人拒绝，以后与人交谈就容易多了。若是不敢主动与人交谈，无疑是拥有的自信心不足。

2.将走路速度提高10%

心理学家认为，人们通过改变自己动作的速度，实际上也可以改变自己的态度。如果你走路比一般人快，就像是在暗示其他人："我必须赶紧到一个很重要的地方去，那里有重要的工作非我去做不可，而且，在15分钟内，我将出色地完成这一工作。"

3.坐到前排座位上

你大概已经发现，不论是什么样的聚会，总是后面的座位先坐满。许多人喜欢坐在后排座位，那是因为不想自己引人注目。有着这种心态的人，多半是由于缺乏自信心。要让自己充满自信，你应该敢于坐到前面去，为自己制造培养信心的机会。

Your image
determines
your value

第六章

社交形象：以优秀的个人品质赢得朋友

……

在他人的心中播下关怀的种子，收获的可能就是事业上的回报。一个人如果只关心自己，便很难获得他人的关心和尊敬。要成为受人敬重的人，必须将自己的注意力从自己身上转到别人身上去。

……

诚挚关怀，为自己积累人气

如果想要获得他人的好感，首先你要表现出对别人诚挚的关怀。

这是美国前总统西奥多·罗斯福受人欢迎的秘密之一。曾为他工作过的詹姆斯·亚默斯为他写了一本书——《西奥多·罗斯福，他仆人的英雄》。在那本书中，亚默斯有这样的记述：

有一次，我太太问罗斯福关于一只鹑鸟的事。她从没有见过鹑鸟，于是罗斯福详细地描述了一番。不久，我们小屋的电话铃响了。我太太拿起电话，原来是罗斯福本人。他说，他打电话给我太太，是要告诉她，她窗户外面正好有一只鹑鸟，如果她往外看的话，可能看得到。罗斯福时常做出类似的小事。每次他经过我们的小屋，即使他看不到我们，我们也会听到他轻声叫出"呜，呜，呜，安妮"或"呜，呜，呜，詹姆斯"。这是他经过时一种友善的招呼。

有一天，卸任后的罗斯福到白宫去拜访，碰巧总统和总统夫人都不在。罗斯福真诚地向所有白宫曾为他工作过的人打招呼，他几乎能叫出所有人的名字来，甚至厨房的小妹也不例外。

当罗斯福见到厨房的亚丽丝时，就问她是否还烘制玉米面包，亚丽丝回答说，她有时会为仆人烘制一些，但是楼上的人都不吃。"他们的口味太差了，"罗斯福有些不平地说，"等我见到总统的时候，我会这样告诉他。"亚丽丝端出一块玉米面包给他，他一边走向办公室一边吃，同时在经过园丁和工人的身旁时，还跟他们打招呼……他对待每一个人就同以前一样。他们（仆人们）彼此低语讨论这件事，而其中一个人眼中含着泪说："这是将近两年来我们唯一有过的快乐日子，我们中的任何人都不愿意把这个日子跟一张百元大钞交换。"

维也纳一位著名的心理学家阿尔弗雷德·阿得勒，写过一本书，名叫《生活对你的意义》。在那本书里，他说："一个不关心别人，对别人不感兴趣的人，他的生活必然遭受重大的阻碍和困难，同时会给别人带来极大的损害与困扰。所有人类的失败，都是由于这些人才发生的。"

有着"景泰蓝大王"之称的陈玉书曾言及他创业初期在公园漫步时，偶遇一位女士和她的孩子在玩荡秋千。由于该女士身单力薄，玩得十分吃力。于是陈先生主动上前帮忙，使她们玩得很开心。临走时女士留给陈先生一张名片，说以后若需要帮忙可以找她。原来她竟是某国大使夫人。后来，陈先生通过她得到了一张运往香港的货物的签发证，从中赚了一大笔钱，而这笔钱成为他到香港创业的一个起点。

在他人的心中播下关怀的种子，收获的可能就是事业上的回报。一个人如果只关心自己，便很难获得他人的关心和尊敬。要成为受人敬重的人，必须将自己的注意力从自己身上转到别人身上去。哲学家威廉姆斯说："人性中最强烈的欲望便是希望得到他人的敬慕。"与人交往时如果你过于关心自己，就没有时间及精力去关心别人。别人无法从你这里得到关心，当然也就不会注意到你。

保持热情，给自己带来"福气"

在大多数人都停留在"没有恶意"的状态中时，那些充满热情的人早就占据了人脉场上的先机。因为热情意味着与人为善、友爱、关心、尊重……更重要的是，热情的举动能让他人感受到亲切，从而获得他人的好感。

同时，总能保持热情的人拥有一种积极向上的力量，这种力量像一块磁铁，能把伯乐、朋友、贵人、福气带到你的身边。

传说在第二次世界大战的时候，有一位犹太人和一个性格古怪的人住得很近。这个犹太人天生热情，每当遇到那个古怪的人都亲热地与之打招呼，而对方却总是面无表情。犹太人并不介意，仍然每天重复同样的行为，直到有一天，古怪的人的脸上突然有了微小的变化，那是非常勉强地一笑。

后来，犹太人在战争中受到了迫害，被关进了集中营，当他们有一天被带到外面的时候，谁也没有想到，那是决定他们生死存亡的一刻，他们被迫排成长队，顺次走到一位军官的面前，那位军官只说两个字：左或右，但这两个字却极其沉重，因为左意味着生还，右意味着死亡。

每个人都恐惧到了极点，空气仿佛停止了流动，犹太人也不知等待他的是什么样的命运，然而当他走到那位军官面前的时候，却惊讶地发现，原来这位军官就是他每天打招呼的"怪人"，他走上前去，和每天一样，和军官打了个招呼："您好！"军官看了看他，犹豫了一下，仍然没有任何表情，说："左。"犹太人得救了。

对人持之以恒地表示热情并不一定能得到他人及时的回应，因为人的性格不同，但是你的问候、你的微笑会潜入他的心里，对他的思想、他的态度，产生无形的影响。这位犹太人就是凭借自己对他人的热情，在关键时刻为自己赢得了生的希望。

孟子曰："爱人者，人恒爱之；敬人者，人恒敬之。"由此可见，如果你能够经常对别人表示出关心和爱护，那么别人对你也会有同样的举动。所以在生活中，无论你是否有求于对方，都应该对别人多一点关心，这样别人也会回报你更多的关心。如此一来，你做事时就会多一些助力，少一点麻烦。当世上没有阻碍你前进的绊脚石时，想要达成自己的目标还会远吗？

……

广记人名，传递亲和力

一个人从出生到去世，名字往往会伴随其一生。记住他人的名字，而且很轻易就能叫出来，无形中等于巧妙地给予别人赞美。若是把他人的名字忘掉，或写错了，往往会被人认为是不尊重的表现。

曾有一个人，莫名其妙地收到了一封措辞很不客气的信，是由巴黎一家大的美国银行经理写来的，究其原因是因为他把这位经理的名字拼错了。所以说，准确地记住他人的姓名非常重要。反过来，如果一个人能够刻意地记忆别人的名字，并且在适当的时候把它说出来，相信会取得不错的交际效果。

身为阿里巴巴集团的董事局主席及行政总裁，马云总是尽量记住工作中遇到的每个人的名字。一天晚上，马云在公司的电梯里，遇见了一位带着女朋友参观公司的部门经理。马云主动打招呼："小郑，最近你们的项目做得如何？"第二天一早，马云便收到了这位名叫郑云生的项目经理的邮件。邮件中说，总裁让他在女朋友面前很有面子，女朋友觉得自己的男朋友在公司里很重要，总裁居然关心其负责的项目。邮件的最后，郑云生发自肺腑地表示，今后他一定会更加努力工作，不辜负总裁的期望。

一位心理学家曾说："在人们的心目中，唯有自己的姓名是最美好、最动听的东西。"人们在日常应酬中，如果一个并不熟悉自己的人能叫出你的姓名，往往会对他产生一种亲切感；相反，如果见了几次面，对方还是叫不出你的名字，便会对他产生一种疏远感、陌生感，使双方产生隔阂。许多事实已经证明，在社交活动中，广记人名有助于人际交往的顺利进行，并助其取得成功。

在中国北京，入住香格里拉大饭店的史密斯先生早晨起来一开门，一名漂亮的中国小姐便微笑着和史密斯打招呼："早，史密斯先生。""你怎么知道我是史密斯？"史密斯心中很高兴，乘电梯到了一楼，门一开，又有一名中国小姐站在那儿，微笑着对他说："早，史密斯先生。""啊，你也知道我是史密斯，你也记住了我的名字，怎么可能呢？""史密斯先生，上面工作人员打电话说您下来了。"史密斯这才发现她们身上挂着微型对讲机。

史密斯退房离开的时候，刷卡后服务生把信用卡还给他，然后又把他的收据折好放在信封里，递给史密斯的时候说："谢谢您，史密斯先生，真希望第五次再看到您。"史密斯这才想起，原来那次是他第四次入住这家饭店。

三年过去了，史密斯再没有去过北京。有一天他收到一张卡片，发现是北京香格里拉大饭店寄来的，上面写着："亲爱的史密斯先生，三年前的5月20号您离开以后，我们就没有再看到您，公司全体上下都想念得很，下次经过中国一定要来看看我们。"下面写的是"祝您生日快乐"。原来那天是史密斯的生日。现在，史密斯先生只要到北京出差，一定会入住香格里拉大饭店，并会介绍他的朋友、合作伙伴也选择香格里拉大饭店。香格里拉大饭店的服务真正做到了顾客的心坎里。

这就是香格里拉大饭店成功的奥秘之一。它通过对顾客名字的关注，使顾客感到自己被重视，从而使其成为饭店最忠实的顾客。事实上，名字对一个人的重要意义是其他事物所无法比拟的，很多人拼命地不惜任何代价使自己的名字永垂千古。古时，一些有钱的人把钱送给文人，请他们给自己著书立传，使自己的名字可以流传后世。现在，有的学校里的建筑名称就是捐赠者的名字，用这样的方式纪念捐赠者的善举。不言而喻，一个人对自己的名字比对其他人的名字要感兴趣。

有位专家曾讲过，要记住名字和面孔有三条原则：印象、重复、联想。

印象

心理学家指出，人们记忆力的问题其实就是观察力的问题。对初次见面的人，如果想要记住对方的名字，可以仔细观察对方的相貌、衣着打扮等，尽量将名字与对方的某一特征关联起来，以便下次再看到熟悉的外表时，能够立刻想到对方的名字。如果没有听清其名字，那么恰当的说法是："您能再重复一遍吗？"如果还不能肯定，那么正确的说法是："抱歉，您可以告诉我怎么写吗？"

重复

你是不是有过这样的情况：新认识的人在10分钟之后就叫不出他的名字了，除非对方多重复几遍，否则，一般都会忘记。

想要在谈话中记住别人的名字，可以在交谈中多次使用他的名字。比如，"莫斯格拉夫先生，您是不是在费城出生的？"如果对方的名字较难发音，最好不要回避，可以问对方："您的名字我念得对吗？"人们通常很愿意帮助你把他们的名字念对。

联想

我们是怎样把自己需要记住的事物留在头脑中的呢？毫无疑问，联想是最重要的因素，成功学大师卡耐基的一次经历恰恰从另一个角度说明了这个道理。

卡耐基开车到新泽西大西洋城的一个加油站加油，加油站的主人认出了他，虽然他们已经40年未见了。这让卡耐基太吃惊了，因为以前他从未注意过这位先生。

"我叫查尔斯·劳森，咱们曾在一所学校上学。"他急切地说道。卡耐基并不太熟悉他的名字，还在想他可能是搞错了。他见卡耐基还是有些疑惑，就接着说："你还记得比尔·格林吗？还记得哈里·施密德吗？"

"哈里！当然记得，他是我最好的朋友之一。"卡耐基回答道。

"那天由于天花流行，贝尔尼小学停课，我们一群孩子去法尔蒙德公园打棒球，咱们俩一个队。"

"劳森！"卡耐基叫着跳出汽车，使劲和他握手。

之所以发生上述这一幕恰恰是联想在起作用，这有点像是魔术。如果一个名字实在太难记了，不妨问问其来历。有的人的名字背后还或许会有一个浪漫的故事，很多人谈起自己的名字比谈论天气更有兴趣。

......

珍惜对手就是珍惜自己

人们在遇到挫折的时候总会感叹世间险恶，人情薄凉，然而，我们究竟应该如何面对人情冷暖呢？

事实上，世界上绝大多数人，他们对待你的态度取决于你对他们的态度。所以，与人交往，我们应该努力做到心平气和，冷静理智，谦恭有礼，助人为乐。而不是暴躁偏执，盛气凌人，使自己四面树敌。即使是对于自己不太了解的人，也应善待在先，不能对人太过冷漠。

对于素不相识的人，不可有恶意，不可有敌意，不可无端怀疑，不可拒人于千里之外，更不可出口伤人，随意中伤，不然只能是暴露自己的幼稚与低级。

对那些或某一个对你确实是心怀敌意乃至不择手段想要害你的人，你要反躬自问：自己到底有什么问题？做过什么事使对方受到了伤害？有没有可能消除误解与对方化"敌"为友？另外，还要设身处地地想想对方有没有情有可原之处。

通常我们最憎恨什么人？多数情况下是对手和敌人。事实上，对手是你人生中重要的"参照物"，对手的存在证明了你本身的价值。很多年来，可口可乐和百事可乐，麦当劳和肯德基，柯达和富士，这些世界上的知名公司，似乎一刻也没有停止过竞争。竞争的客观效果之一，就是几乎把全世界人的眼球都吸引到他们那里去了。不管快餐业还有多少个类似的企业，大多只能在角落里发声，舞台的正中，似乎永远只有两个主角，那就是麦当劳和肯德基。

古人在战场上搏杀时，倘若英雄相遇，常常不忍加害，虽然各为其主，场面上打得热闹，内心其实是相互喜欢、相互敬仰的，这样的人我们视为真英雄。因为他们在对手身上看到了自己的影子。同是英雄，也就有了理解的基础，有了相互尊重的前提。

2008年9月，美国大选正在如火如荼地进行，以奥巴马、拜登为候选搭档的民主党和以麦凯恩、萨拉·佩林为候选搭档的共和党，正在进行激烈的大选争夺战。两党为了获得选民的支持而"口诛笔伐"，攻防的策略从对方施行的政策一直延伸到候选人的弱点。两方阵营的幕僚们恨不得挖地三尺找出对方候选人的缺失和弱点，以击倒对方在选民中的形象。

就在这个时候，有媒体曝出一个惊人事件：共和党副总统候选人佩林17岁的女儿未婚先孕。这个"丑闻"无疑使佩林脸上无光，因为佩林一直声称是反对早孕的人，而作为副总统候选人，居然连自己的孩子都没管好，如何为国人做表率，如何管理国家呢？

佩林本人和共和党顿时陷入一种极度尴尬的境地，陷入了短暂的集体沉默中。这个时候，民主党的很多人士和支持者，都认为这是上天赐予奥巴马选举阵营的一个宝贵机会，只要奥巴马向佩林发出强烈抨击，就会在人气上提升一成，以更高的支持率领先共和党阵营。人们都期待着看到奥巴马对此发出的第一轮猛烈的攻势。

这一天，记者终于截住了奥巴马。记者拥到他的身边都急着问同一个问题："请问奥巴马先生，您就萨拉·佩林十几岁的女儿怀孕一事有何评价？"

这时，对奥巴马来说，是一个绝好的机会，他的一句话就可能是给对手的致命一击——这也是他的很多支持者希望听到的。但是奥巴马只是轻轻地摇摇头微笑着说："我想说的是，我妈妈18岁时便生下了我！"

喧闹的现场一阵沉默！谁都没有想到，奥巴马会给出这样一个仁慈、朴实而高尚的回答，这分明是在帮佩林以及她的女儿辩护，甚至为此牺牲自己的竞选形象。他拥有很多的答案可以选择，很多答案都可能让他获得政治加分。哪怕是沉默而不作回答，对他来说也是有利的，但是他却给出了这样一个回应。

奥巴马的表现令评论界一片哗然，就在政治评论家和分析师都目瞪口呆甚至扼腕叹息的时候，奥巴马的支持率却猛地拉升起来。据调查，很多中间选民开始倒向奥巴马，因为奥巴马博大的胸怀打动了他们，他们认为只有宽仁的人才能担当美国的总统。

而很多人不知道的是，就在奥巴马发表评价之前，沉默的共和党幕僚们并没有停止行动，他们早就找出了奥巴马系母亲18岁时所生的全部资料，他们正准备在奥巴马攻击佩林时，以"伪君子"之名攻击奥巴马。但是，他们周密的计划最终落空了，因为奥巴马的宽仁和诚实令他们无法回击！

虽然佩林从奥巴马的宽仁中走了出来，但是在整个竞选过程中，贵为共和党副总统候选人的她却始终无法以一种锐利的形象与民主党对抗，更没有用强大的力量攻击奥巴马，因为她始终沉浸在奥巴马的宽仁之中，直到人民用投票告诉全世界，我们选择了一位心胸博大、满怀仁爱的黑人总统——奥巴马！

我们经常听到"对对手仁慈就是对自己残酷"这句话，然而真正高尚仁爱的人，如奥巴马，他勇于"降低"自己，施仁爱于对手，却往往能真正赢得别人的尊重。

那种对竞争对手动辄咬牙切齿，不惜背后使绊的人，即便战胜了对手，最终也很难取得大成就。志向远大的人，不会把眼光只盯在身边琐碎的事物上，不会与比自己弱小的人计较，更不会把失败者打翻在地，然后再狠狠地踢上一脚。仇恨是不能解决问题的，只能让人变得更加虚弱不堪。

从长远来看，一切个人的嫉恨怨毒，一切鼓噪生事，流言蜚语也好，打击报复也好，在一个大环境相对稳定的情势下，作用十分有限，甚至可能起反作用。面对残酷的竞争，大可以正常采取行动，放平心态，不受干扰，让各种事务按部就班地前进，让你的生活按照既定的轨道前行。或者更简单一点，暂时不去理会就是了。想要获得成功有太多的事要去做，放下那些纷扰更有利于自己健康发展。

励志大师卡耐基曾说：每个人都该明白所谓"爱你的仇人"，不只是一种道德上的教训，而且是在宣扬一种医学。他是在教导人们怎样避免高血压、心脏病、胃溃疡和许多其他疾病。莎士比亚也曾经这样说："不要因为你的敌人而燃起一把怒火，热得烧伤你自己。"倘若我们的对手知道我们因为怨恨而精疲力竭，因为疲倦而紧张不安，使我们的心灵受到伤害，甚至可能使我们短命的时候，对方不是会额手称庆吗？退一步来讲，即使我们不能爱我们的仇人，至少我们要爱我们自己；我们要使仇人不能控制我们的健康和我们的心情。

其实，珍惜对手就是珍惜自己，一个真正与自己相配的对手，是一种非常难得的"资源"，从某种意义上说，双方相铺相存，竞争最激烈的时候，也就是双方最辉煌的时候，如果一方消亡，那么另一方势必走向衰退，除非他能脱胎换骨，或者找到新的对手。

有荣耀不独享，有功劳不独吞

身在职场，你要时刻记住这句话——功劳是大家的，责任是自己的。有了荣誉一定要记住与他人分享，千万不要企图独自占有。即使是你凭一己之力得来的成果，也不可吃独食。

现代社会充满竞争，当你走上工作岗位，面临的就是同事之间的竞争。竞争的结果无非有两种，一种是它可以让你变得更优秀；另一种是你不适应这种竞争，最终被淘汰出局。对于一个刚参加工作的人来说，也许对公司的一切都一无所知，这就需要你去了解周围的同事。同时，周围的人也在注视着你，要想在一个新环境中立足，首先就要以竞争的姿态去适应工作环境。但是，不能因为竞争而丧失良好的职业印象。

谁都希望自己与荣誉和成功联系在一起，但是，如果你无视别人，就很难在职场立足。因此，不要感叹上司、同事和下属度量狭小，其实造成最后这种局面的根源还是你自己。在享受荣誉的同时，不要忽略别人的感受。工作中取得的成果大多是在团队成员的共同努力下取得的，如果想要独自占有成果，自然会与同事产生矛盾与嫌隙。

美国有个家庭日用品公司，几年来生产发展迅速，利润以每年10%~15%的速度增长。这是因为公司建立了利润分享制度，把每年所赚的利润，按规定的比例分配给每一个员工，这就是说，公司赚得越多，员工也就分得越多。员工明白了"水涨船高"的道理，人人奋勇争先，积极工作，还主动检查产品的缺点与毛病，主动加以改进和创新。

当你在职场上小有成就时，当然值得庆幸。但是你要明白：如果这一成绩的取得是集体的功劳，是在同事的帮助下取得的，那么你就不能独占功劳，否则其他同事会觉得你抢夺了他们的功劳。

老王是一家出版社的编辑，并担任该社下属的一个杂志的主编。平时在单位里与同事的关系都不错，而且他还很有才气，工作之余经常写点东西。有一次，老王主编的杂志在一次评选中获了大奖，他感到荣耀无比，逢人便提自己的努力与成就，同事们当然也向他祝贺。但过了一个月，老王却失去了往日的笑容。他发现单位同事，包括他的上司和下属，似乎都在有意无意地和他过意不去，并处处回避他。

后来，老王才发现，他犯了"独享荣耀"的错误。就事论事，这份杂志之所以能得奖，主编的贡献当然很大，但这也离不开其他人的努力，其他人也应该分享这份荣誉，而现在自己"独享荣耀"，当然会使其他的同事内心不舒服。

所以，当你在职场上有特殊表现而受到肯定时，一定不能独享荣誉，否则这份荣耀会为你的职场关系带来危险。当你获得荣誉后，应该学会与其他同事分享，一方面可以做个顺水人情，另一方面上司也会认为你懂得搞好人际关系，而给你更高的评价。不过卖这份人情的方法必须做得干净利落，不可矫揉造作，更不可对同事抱着"施恩"的态度，或希望下次有机会讨回这份人情。

路留一步，味留"三分"

中国自古以来就是礼仪之邦，谦和、礼让更是中华民族的美德。当你在狭窄的路上行走时，要给别人留一点余地。在羊肠小道上两个人相遇，如果争先恐后，各不相让，那么两个人都有坠入深谷的危险，在这种情况下停住脚步让对方先过去，不仅是种礼貌，更是符合自己的利益的做法。

当你遇到美味可口的佳肴时，要留一些分给别人吃，这样才是正确处理人际关系的方法。路留一步，味留三分，是提倡一种谨慎的利世济人的态度。在生活中，除了原则问题须坚持外，对小事互相谦让也会使个人的身心保持愉快。

清康熙年间，人称"张宰相"的张英与一个姓叶的侍郎，两家毗邻而居。叶家重建府第，将两家公共的弄墙拆去并侵占三尺，张家自然不服，引起争端。张家立即发鸡毛信给京城的张英，要求他出面干预，张英却作诗一首："千里家书只为墙，再让三尺又何妨？万里长城今犹在，不见当年秦始皇。"张老夫人看见诗即命退后三尺筑墙，而叶家深表敬意，也退后三尺。这样两家之间即由之前的三尺巷变成了六尺巷，被百姓传为佳话。

凡事让步，表面上看来是吃亏，但事实上由此获得的收益要比你失去的还要多。这才是一种成熟的、以退为进的明智做法。

事物的发展都是相对的，谦让很多时候都是发生在竞争的状态下，由于谦和礼让会使矛盾得以化解，更免去了不必要的争斗，使得对手变手足，仇人变兄弟。因此，遇事多忍让是避免斗争的极好方法。

得理不让人，逼得对方走投无路，有可能使得对方走极端，为了获胜而不择手段，最后可能两败俱伤。好比老鼠关在房间内，不让其逃出，老鼠为了求生，会咬坏你家中的器物，放它一条生路，它逃命要紧，便不会对你的利益造成损坏。对方"无理"，明知理亏，你在"理"字之下，放他一条生路，他会心存感激，来日自当图报。就算不会报答，也不太可能再度与你为敌。

当你一味争抢的时候，不仅伤害了对方，也有可能连带地伤了他的家人，甚至毁了对方一生的幸福，这未免有违做人的德行。得理让人，是一种为人处世的智慧。

万事留一线，江湖好相见。你今天得理不让人，哪知他日会不会再次狭路相逢。若那时他占有优势，而你处于劣势，你就有可能吃亏！得理让人，这也是为自己以后做人留条后路，正所谓"人情翻覆似波澜"。

今日的朋友，也许将成为明日的仇敌；而今天的对手，也可能成为明天的朋友。世事如崎岖道路，困难重重，因此走不过的地方不妨退一步，忍一时风平浪静，退一步海阔天空。让对方先过，哪怕是宽阔的道路也要留给别人足够的空间。你会发现，这既是为他人着想，又能为自己留条后路。

"若想在困难时得到援助，就应在平时宽以待人。"包容接纳、团结更多的人，在顺利的时候共同奋斗，在困难的时候患难与共，创造更多的成功机会。反之，待人太过苛刻，则会使大家疏远他，在其成功的道路上，甚至有人会人为地对其增加阻力。

人们往往把大海比作宽广的胸怀，因为大海能广纳百川，也不拒暴雨和巨浪；也有人把耐性比作弹簧，弹簧具有能伸能屈的韧性。人们在一个单位或集体中工作学习，难免会产生一些摩擦或矛盾。但是，如果经常为一些鸡毛蒜皮的小事争得面红耳赤，谁都不肯落了下风，以致大打出手，事后静下心来想想，当时若能忍让三分，自会风平浪静，大事化小、小事化了。事实上，越是有理的人，如果表现得越谦让，越能显示出他胸襟坦荡，富有修养，反而更能得到他人的钦佩。

汉朝时有一个叫刘宽的人，为人宽厚仁慈。他在南阳当太守时，小吏、老百姓做了错事，为了以示惩戒，他只是让差役用蒲草鞭责打，使之不再重犯，此举深得民心。刘宽的夫人为了试探他是否像人们所说的那样仁厚，便让婢女在他和属下集体办公的时候捧出肉汤，故作不小心把肉汤洒在他的官服上。要是一般人，说不定会把婢女毒打一顿，至少也要怒斥一番。但是刘宽不仅没发脾气，反而问婢女："肉羹有没有烫着你的手？"由此足见刘宽为人宽容之肚量确实超乎一般人。

刘宽的肚量可谓不小，他感化了人心，也赢得了人心。人人都有自尊心和好胜心，在生活中，对一些非原则性的问题，我们应该主动显示出自己比他人更有容人之雅量。

俗话说："人非圣贤，孰能无过。"每个人都难免会有过失，因此每个人都有需要他人原谅的时候。

大部分人一旦陷身于争斗的旋涡，便不由自主地焦躁起来，有时为了利益，或是为了面子，就会强词夺理，一争高下。一旦自己得了"理"，便绝不饶人，非逼得对方鸣金收兵不可。然而这次的胜利虽然能让你吹着胜利的号角，但也成了下次争斗的前奏。因为这对"战败"的一方也是一种面子和利益之争，他当然要伺机讨还。

有时候，给他人让出了台阶，也是为自己攒下了人情，留下一条后路。

宽以待人，要有主动"让道"的精神。在与他人交往中，常常会因为个性、脾气、爱好的差异，或因为价值观念不同而产生矛盾或冲突。

"航行中有一条公认的规则，操纵灵敏的船应该给不太灵敏的船让道。这在人与人的关系中也是应遵循的一条规律。"因此，做一个能理解、能容纳他人优点和缺点的人，才会受到他人的欢迎。相反，那些只知道对他人吹毛求疵、没完没了地批评说教的人，怎么会拥有亲密的朋友呢？人们对他只会敬而远之！

……

多给别人表现的机会

在人际交往中，有的人为了让他人的意见同自己保持一致，从而尽力表现自己、展示自己，积极针对某些事情发表看法。其实，和他人相处时，适时地表现自己本无可厚非，但也要多给他人表现的机会，让他人感觉到尊重。

无论是在工作中，还是在商业谈判中，多给他人表现的机会，不仅能引起他人对你的注意，还会使他人对你产生好感，从而为进一步取得成功奠定基础。

陈杰是一名销售员，他所在的公司主要生产汽车坐布垫。有一次，美国最大的汽车工厂要采购一年中所需要的坐布垫，对于这笔大订单，三家知名生产厂家都做好了样品，想争取到这个订单。

美国公司的负责人看过这三家工厂的样品后，便给这些厂家发出通知，约定某日各派一位代表前来商谈，让各厂的代表做最后的竞争。当时，陈杰作为其中一家厂家的代表参加了这次竞争。但不幸的是，他当时正患着严重的咽喉炎。

当轮到陈杰去见美国汽车公司的负责人时，他嗓子哑得厉害，几乎无法发出声音。他被引进到一间办公室，与纺织工程师、采购经理、推销主任及该公司的总经理面谈。他站起身来想要努力说话，但他只能发出沙哑的声音。情急之下，陈杰只好在本子上写了几个大字：诸位，请原谅，我嗓子哑了，不能说话。

看着嗓子沙哑，但还前来洽谈的陈杰，美国汽车公司的总经理动了恻隐之心，于是对他说："我替你说吧。"总经理将陈杰带来的样品一一陈列出来，并称赞它们的优点，于是，在座的人开始活跃地讨论起来。由于那位总经理是在替陈杰说话，因而在讨论中他一直站在陈杰的立场，由于总经理的帮助，陈杰以点头微笑以及少数手势来给予配合。

会议结束后，结果可想而知，陈杰得到了那笔订单，该汽车公司向他订了50万码的坐垫布，总价值160万美元，为公司创造了可观的利润。对于陈杰的成功，单位领导非常高兴地表扬了他，并将他提升为销售主任。

对于自己的成功，陈杰知道，要不是他无法说话，他很可能会失去那笔订单，因为在此之前他对于整个过程的思路是错误的，要不是自己嗓子哑了，他会以演讲的方式滔滔不绝地来赞美自己的产品，而这种以自我为中心的做法很可能会引起对方的反感，从而很可能失去那笔订单。

通过这次经历，陈杰在无意中发现，有时，多给他人表现的机会是多么重要。

还有一个故事。

纽约一份销量极大的报纸，在经济版一栏中，刊登出一则篇幅很大的广告，招聘一位有特殊能力和经验的人，薪水丰厚。

罗伯特看到这则消息后，立即投递了一份简历来应征这份工作。几天后，他收到回复，报社约他面谈。在面试前，罗伯特费了很多时间在华尔街尽力打听关于这家商业机构创业人的生平事迹。

在面试过程中，罗伯特诚恳地说："如果我能进入这样有成就的商业机构，会感到十分自豪。听说您在28年前刚刚创业的时候，除了一间屋子、一套桌椅和一个速记员外，什么都没有，这是真的吗？"

几乎每一个有成就的人，都喜欢回忆早年创业的情形，眼前这位负责人当然也不例外。他谈了很多有关他当初如何用450美元现金和一股创业的勇气，开创这项事业的经过，讲述自己怎样克服困难，又如何与失望作斗争，每天工作12~16个小时，最后是如何战胜所有困难的详细经过。听得出来，他对自己能取得这样的成就感到自豪。最后他简单地询问了罗伯特的从业经历，随后叫来了一位副总经理，说道："我想这位先生就是我们所要找的人了。"

罗伯特轻而易举地获得了这份工作，因为他事先做了充分的准备，即费尽心思去打听他未来上司过去的成就，激发起上司强烈的表现欲望，以此拉近与上司的距离，从而使自己给对方留下了良好的印象。

事实上，即使是与朋友交谈，对方也喜欢多谈自己的成就而不愿听我们吹嘘自己的成就。一位哲学家说："如果你要树敌，就胜过你的朋友；如果你要得到朋友，那就让你的朋友胜过你。"多给对方表现自己的机会，不要总是试图以自己的才干向别人炫耀，如此才会与人建立融洽的关系。

无论什么时候，我们都要谦逊，不要过多地表现自己，而要多给他人表现的机会，尽可能多让对方说话，这样才能让他人信服你，有利于你取得成功。

第七章

职业形象：为你的工作能力锦上添花

......

　　良好的职业形象，能使人比较容
易在职场中拥有融洽的人际关系，利
于日常工作的开展，使自己更易在工
作中收获成功。

......

职场着装要点

在办公室内，穿着规范得体的员工，和打扮另类、过于随便的员工，给人的感受一定截然不同。

着装是要讲究场合的。在当今快节奏的职场上，着装是一个人气质和能力的衬托。不同的场合必然要求与之相适应的衣着装束，在职场上，着装规范得体，在一定程度上反映了企业员工的精神状态，也在一定程度上反映了企业的工作氛围。

男士职场着装规则

职场里的男士，作为已经成功和想成功的人，一定要清楚自己所在行业的着装规范，虽然很多行业对于着装没有硬性要求，且同一行业中的不同公司往往有其各自的着装特点，但在具体行业内部也有一些通用的原则，职场着装"潜规则"还是普遍存在的。

1.西装、衬衫和领带搭配出来的正装

在职场中，男士比较正规的着装标准就是西装搭配衬衫和领带，其中，以白色衬衫居多。这种正装的搭配适合如下几个行业：金融业、会计事务所、法律行业等。金融业在过去10年里放松了着装规范，如今这个标准正在回归；法律界是非常严肃的行业，奉行传统商务正装规范；会计事务所的一般职工并未强调穿着商务正装，但如果你担任执行会计之职，就应该穿正装，这种装束会给人一种严谨细致的职业感，也比较容易得到别人的认可。

2.外套（西装）和衬衫，穿出来的正装

西装和衬衫几乎是必需的，是否搭配领带则看场合而定。得体的商务装更多是指针对当天或某个场合的着装，是不是必须打领带是个待讨论的问题，不过，人们达成一致的是必须穿外套。这种装束适合这样几个行业：高端零售业、酒店服务业、房地产业、大学院校等。在发达国家的高校里，大多数教授还是倾向于商务装，如外套和领带，羊毛衫或高翻领衫；高端零售业、酒店服务业以及房地产业一般都有自己的制服，如不穿制服，作为高级导购，则必须穿得体面，至少与顾客的档次相当，酒店经理则多穿干净利落、熨烫笔挺、得体大方的服装。

3.外套、圆领短袖汗衫、衬衫、羊毛衫搭配的休闲装

这种穿着搭配适合如下几个行业：传媒业、IT业、建筑业、广告业等。建筑业和广告业的着装，大多休闲不失整洁，西装不是必须穿的，这几种行业都可按照休闲装到商务正装场合的规范进行着装。传媒业、广告业如选择商务正装则更偏向于有创意的且具风尚感的服装。很多职场里的男士，在穿着搭配的时候选择了下身搭配牛仔裤，看上去休闲感十足，非常英俊，但是这在一些场合是不太正式的职业装。

4.商务休闲装，得体又大方

在职场中的商务休闲场合，既不需要西装革履，甚至连外套也可以不穿。商务休闲装就非常适合这种场合，但这并不意味着可以不修边幅。事实上，在工作环境中，干净整洁是最重要的，鞋面要保持干净，内搭要合体，不可过于宽大、起皱或者脱线。归根结底，要从服装中表现出你的职业感。

女士职场着装规则

现代女性对流行元素和时尚的追逐是可以理解的，毕竟爱美之心人皆有之。但是，职业女性一定要明白，在办公室等工作场合，完全不同于在户外游玩或在家里休息的时候，职业女性要展示的是你的工作能力，而不单单是外表。因此，职业女性的着装非同小可。一般说来，职业女性的职场着装切忌以下七点：

1.女性的职业装切忌过分性感

一般来说吊带装是不能穿进办公室的。这样穿不但起不到被别人认同和注意的目的，而且容易被人认为很随便。简约的职业装会带给他人大方得体的感觉，并提升你在同事眼中的整体形象。

2.女性的职业装切忌不够专业

学生感觉浓重的半截袜套不建议穿进职场，即使能表现出甜美可爱，也丧失了职业女性应有的专业感，简约的长筒丝袜才是正确的选择。

3.女性的职业装切忌有失威严

职场装扮应该应合办公环境，T台上照搬下来的波西米亚风格、朋克风格等都不适合办公室这种严肃的工作场合，优雅和得体的服装才能保持威严。

4.女性的职业装切忌过分随意

每一年都会流行不同风格的衣服。例如，某年流行的民族风长裙在工作中并不实用，穿进办公室难免给人过分随意的感觉，另外拖沓的长裙也会影响工作效率。

5.女性的职业装切忌过分生活化

很多服装虽然平时看起来非常出色，但是并不一定适合在上班时穿着。比如，波普图案长裙搭配平底鞋固然舒适，也很有街头范儿，但并不适合在办公室里穿着。因为这样的装扮会显得人没有精神。

6.女性的职业装切忌乱用饰品

饰品在整个服装的搭配中能起到画龙点睛的作用，但是如果这个"睛"点得不好，反而会起反作用。一般来讲，服装饰品搭配有一个原则，那就是尽量简单。永远不要把装饰繁多的鞋子穿进办公室，那样会使你显得很不专业。

7.女性的职业装切忌太紧太短

不管你对自己的身材曲线多么自信，也不能随意穿着过于紧身的衣服，适度宽松的服装能让你工作时得心应手。

优秀的职业女性认真投入工作，更不应忽略良好的职业形象，美好的形象会为你的工作能力加分。

下面是针对职业女性办公室着装方面的几点建议：

1.职业套装

职业套装更显权威，选择一些质地好的套装是女性最得体的职业着装。选定了套装款式，还要以套装为底色来选择衬衣、毛线衫、鞋子、袜子、围巾、腰带和首饰。每个女性的肤色、发色、格调不同，所以适合你的颜色也不同，要选择一些适合自己颜色的套装，再以套装色为底色配选其他的小装饰品。

合身的短外套，搭配裙子穿，也可以搭配长裤穿。衬衫则宜选择与外套和谐自然的，不要太夸张。在此，需要提醒大家的是，只有在穿长裤子的情况下才可以穿短丝袜。很多女性不注意这一点，喜欢穿裙子配短丝袜，其实这样的搭配是非常不雅观的。如果选择穿裙子，那么一定要穿长过裙子下摆的丝袜，或者干脆不穿。

针织衫也是办公室女性不错的选择，可以用来搭配合身的长裤或裙子。除此以外，不妨再准备一件百搭的开衫，它的用处自然是不言而喻的。冬天羽绒服下慵懒厚重的毛衣固然舒适温馨，但不适合在办公室穿，看起来很家居，显得人有些懒散。

2.在着装色彩上，服装颜色不宜太过夸张、花哨

黑色是比较百搭的一种颜色，但是如果运用不好很容易给人沉闷死板的感觉，所以一定要与其他色彩巧妙组合，搭配出庄重又时髦的效果。此外，年轻女性还可以根据自身特点选择适合自身衣服的色彩，衣服的图案则力求简单。

3.鞋子搭配不可少

鞋子最好是高跟或者中高跟的皮鞋，因为有跟的皮鞋更能令女性体态优美。鞋的颜色必须和服装的颜色相配，有一个原则：鞋子的颜色必须深于衣服颜色，如果比服装颜色浅，那么，必须和其他装饰品的颜色相配。皮鞋最好是黑、藏青或棕色，与服装、配饰颜色要匹配。

白色和所有粉色系列在正式场合不推荐，尤其是露脚趾的鞋更是大忌。女性夏天最好不要穿露脚趾的凉鞋，更不适合在办公室内穿凉拖（凉拖固然穿脱方便，但给人懒散的感觉）。如果秋冬选择靴子的话，靴筒不能太高。此外，不要把旅游鞋穿进办公室，保养好你的鞋，把鞋擦得锃亮。妖娆的尖头细高跟、QQ的矮跟、纯朴的圆厚跟还是放到下班再穿好了。

4.发型和指甲的装饰不可少

随着女性年龄的增长，头发也应该相应简短一些。一般来说，女性到了30~35岁这个年龄段大多把头发留到肩部。在职业女性当中，美甲已经相当普遍了，但指甲油的颜色不应该选得太亮丽，这样会使别人的注意力只集中在你的指甲上。选一些大众都能接受的颜色是明智之举，例如，选一些和你口红相配的颜色或透明色指甲油，这样看起来不会太突兀，指甲油又恰好地展现了个人风采。

5.精心选择首饰和装饰品

职业女性希望表现的是她们的聪明才智、能力和经验等，所以，饰物的佩戴必须要简洁大方，最好不要带摇摆晃动的耳环和走路时会发出声响的项链，这样对专业形象的杀伤力极大。

眼镜的样式应贴合自身气质，既要能合理地修饰脸型，又要能显示出女性特有的亲和力。

手提包要精巧细致，不要塞得满满的。没有一个白领女性出门会不配包包的。如果是拿在手里的坤包，就不要选太大的，式样和花纹也不要太复杂。讲究的白领女性还会注意将坤包与鞋子的颜色搭配起来。在大多数穿职业休闲装的场合都不必搭配公文包，假如需要携带文件资料什么的话，女士可以拎上个小巧的女用公文包或款式可以冒充公文包的大手提袋。包包的质地宜选择皮质、混纺麻制、做工精良的织品等，帆布包及草编包留到逛街野餐时再用也不迟。此外，职场女性要善于运用丝巾或羊绒巾来搭配衣服，这样可以使你的着装更加时尚。

职场女性着装的关键要点基本如上，看起来似乎条目繁多，其实规律也不过那么几条。要"简约"，不要"简便"；要"随意"，不要"随便"。一字之差，天壤之别。做到了这些，你就能轻松变身为一个让人赏心悦目的白领女性。

……

寻找适合自己的着装风格

爱美之心，人皆有之。那些看起来精神百倍的人，往往有自己的穿衣诀窍。每个人的穿衣风格都不是千篇一律的，每个人都要找到适合自己的穿衣风格。选对衣服的关键之一就在于：知道自己的身材和衣服款式之间的契合点，如此才能找到适合自己的衣服。根据自己的身材选择衣服，衣服的样式应该包括剪裁线条、衣服色彩等细节，用衣服来遮掩自己的短处或者彰显自己的长处。

丰腴美人服饰搭配

女人有很多种类型，每种类型的女人都有其可爱之处。身材丰腴的女孩通常想要变得苗条又高挑，同样也想穿得漂亮，如果还没有找到最适合的减肥方法，可以先用衣服来修饰一下身材。美丽需要有衣配，丰腴美人更需要懂得穿衣的智慧。只要女性能够成功地运用颜色的搭配、设计的技巧，便能装扮出迷人的风采。

1.以暗色的直条纹套装展现优雅的品味

细长的白条纹套装有修长感，裙子的皱褶可掩饰过粗的腰围，白色的衣领非常典雅，颇适合身材丰腴的女性在正式场合穿着。但是，白色易给人膨胀感，需要依靠深色来协调。下身胖于上身的女性可以选择上白下黑来平衡整体的比例，及膝的裙子能够修饰不太完美的腿部曲线，而短裙又能拉长腿型。

2.小斗篷式的裙子

这种裙子对腰的修饰起到了很好的作用，能将肩、胸的线条一体化，从而突出腰部的曲线。臀胯的宽度可以用宽腿裤掩饰，虽然弱化了下身的曲线，但整体的舒爽感觉使得整体形象不会减分。暗色圆领的外套加非褶裙可添加优雅感。圆领外套加非褶裙的装扮，可显示纤细的一面，白色衬衫是重要的点缀，能给人清爽的印象，整体看起来也会不失优雅。

3.连衣裙、袜裤和饰品统一为黑色

穿单件西装外套时，以黑色的连衣裙、袜裤、鞋子、手套、帽子、手袋作组合，并以金质项链来点缀，能表现外套的细致，更使你在神秘的氛围中显现出迷人的身段。

4.飘逸的白色圆裙，搭配合身的上衣

想穿白裙子时，圆裙比长筒紧身裙更能掩饰过胖的身材。合身的深色上衣和白色大圆裙，能巧妙地衬托出腰身。一串复古的长项链点缀，能使你成为韵味十足的淑女。

5.以冷色系的衣饰来表现年轻和帅气

"膨胀色"是身材丰腴的人的穿衣禁忌之一。但一味穿着黑色等冷色调的衣服，又会给人不明快的感觉。因此，可以选择冷色调的绿色格子服饰，会显得比较年轻。格子长裤，也能给腰部和臀部带来多余的空间，窄小的衣领显出轻快感，以格子帽子作点缀，显得帅气无比。

6.以深色的牛仔裤束起上衣，穿出最棒的身材

牛仔裤一直深受人们的喜爱，穿上合身的牛仔裤，不仅可以掩饰身材的缺点，还能表现出年轻与自信。身材丰腴的人只要将深色的牛仔裤束起上衣，并用皮带点缀，身材就会显得纤细许多了。

7.在衣服面料的选择上，也要有所选择

丝质面料比较贴身，如果紧贴身体难免会暴露身材的不完美，胸线或者腰线的收口设计便能很好地解决这些难题，后背比较厚实的女性也不妨考虑这样的面料，顺滑的质感会柔化硬朗的背部线条。

8.冬天的最佳穿着

棉大衣在冬天是很实用的衣服，根据衣服长短、款式、颜色的不同，它的作用也不尽相同。丰腴美人的选择就是及膝的长度遮盖大腿、收腰的设计摆脱臃肿、鲜艳的花色转移视觉焦点。

矮个子女孩怎样才能"增高"

很多矮个子女孩子羡慕那些高个子女孩，什么衣服穿在她们身上都

好看。很多矮个子女孩逛街的时候，都想象着能有一件衣服，穿在自己身上和穿在高个子女孩身上的效果一样。其实，矮个子女孩除了要保持自信心，懂得一些服装的搭配技巧也很重要，你会发现想要"增高"很简单。

如果你认为自己个子不高，不一定非要穿长衣或高跟鞋，可以运用衣着及饰物去增加你给别人的视觉高度。矮个女孩在选择衣服的时候有时会因为身高受到诸多限制，稍不小心就可能显得更矮。下面就来看看适合矮个女孩的穿衣搭配法则，怎么穿衣才会让矮小的身材更显高挑！矮个女孩平时在穿衣方面，要注意以下几个方面：

1.矮个女孩在选择衣服时，针对衣服上的图案，要做出正确的选择

矮个女孩宜选精巧可爱的图案，且图案设计尽量在上半身，大胆抢眼的图案通常不适合娇小的女孩。记住，小巧精致的图案和小巧玲珑的你更相配。

2.服装的色调以温和者为佳，太深与太浅都不好

矮个女孩宜挑选色彩鲜明的色系。全身服装的色调最好相同或相近，从而达到修长身型的目的。上、下身不同颜色的衣服也可以穿，但要注意身材比例，最好上浅下深，把别人的注意力引向头部或肩部。上装和下装要搭配相近的颜色，最好是同一色系，反差太大，对比太强烈都不好。深色服装虽会令人显得瘦，但也会使人变得更矮小，色彩鲜明、单纯的服装最适宜矮个子女孩。

喜欢暗沉、素净色彩的矮个子女孩，可以挑稳重又不乏生气的墨绿衫。个子矮小瘦弱的人宜选素色、无花纹的服装，如果你一定要穿带花纹的衣服，大格子的花纹最好不要选，而应选择小方格的花纹，因为大格子花纹会显得人更瘦。

3.下身的穿着要与上身相得益彰

身材娇小者在打扮时，最大的困扰是下半身的穿着，因此，要特别注

意下身服装的颜色应与上半身协调，通常选择明亮活泼的服饰较为合适。贴身的超短裙最适合矮个女孩，上身搭一件长短合适的背心，立刻增高不是梦想。另外，条纹背心加印花高腰蓬蓬裙也是很好的搭配，高腰蓬蓬裙最适合矮个女孩，高腰线的设计，轻松拉伸比例，遮掩身高上的不足，麻烦问题立刻迎刃而解。

4.在面料和式样上下功夫

选择服装面料以光滑平整为佳，服装式样也应尽可能简单，但一定要制作精致，上装的腰部要设计得稍稍高一点。

富态男士着装搭配

很多外表富态的男士在着装方面常常有一些困扰，由于体型原因，穿衣打扮常给人不利落的感觉。要想使自己的外形能够迅速改变，变"苗条"的秘诀就是"善用穿衣术"。其实每种体型都有其适合的穿衣方法，体型偏胖的人，穿衣搭配尤其要讲究技巧。

体型偏胖的男士穿衬衫要选择那些比一般标准领型稍宽的样式，在颜色上则应以冷色系为主色调（如蓝、绿、黑、暗紫等）；当选购领带花色时，多考虑花色的样式；西装等外套的剪裁要得体。

1.西装及西裤

体型富态的男士在西装的选择上要多留意，西装外套应多留意"V"领区。"V"领部位应尽量选择开阔的样式，领片尺寸也宜稍宽，以"V"领开低且以单排扣为宜；色泽上应以吸光的深色调为主，且厚度不宜过厚。在西裤选择方面，应选择具有一至二褶的样式，如此行动时会显得更加灵活。

2.衬衫

一个人外形偏胖，一般显现在三点：脸部、腰部和腿部。脸部往往是多数人发胖后变化比较明显的部位，脖子也会相应变粗一些，因此对于上班族而言，选择适合的衬衫就很重要。宽领衬衫比较适合偏胖脸型，在颜色上则应以冷色系为主色调（如蓝、绿、黑、暗紫等）。若购买花色样式的衬衫，则应避免大图样或印花夸张的设计。竖条衬衫向来是体型偏胖者理想的选择，从视觉上它能使人身型消瘦一些。千万不能穿横条纹的衬衫，这样会显得人更加胖。

3.领带

与花色衬衫相反的是，当你选购领带花色时，可以多考虑花色的样式，但夸张的印花、图腾及具有闪亮光泽的布面就不太适宜。若你本身偏好单色系领带，深色系往往是较佳的选择，喜欢来点变化的话，几何线条织纹的领带也是不错的选择。

4.皮带

容易让偏胖男士忽略的地方就是皮带。细皮带纵使看起来不错，但绝对不适宜有啤酒肚的男士；宽皮带则会在视觉上产生较佳的效果，适合偏胖的男士。

保持衣服的整齐及平整，对于体型偏胖的男士尤其重要，该扣的扣子要扣上。有些人会刻意选择宽松的衣服来遮掩偏胖的体型，其实这并非是最佳的选择，因为这类衣服很可能让人行动时看起来缺乏灵活感，这也是多数人对于体型偏胖的人固有的印象，但合身的衣服却能有效扭转人们的这种印象。所以，在日常生活中，偏胖男士要巧着装，争取穿出"好身材"。

矮个男士着装搭配

身高偏矮是无法改变的客观因素，但是，有的男士会担心因为身高影响自己在女性面前的形象。身高虽然与人格魅力无关，但有时会给男士的工作、生活，尤其是社会交际带来负面影响。很多矮个子男士为此非常苦恼。其实，矮个子男士只要善于服饰搭配，完全可以较好地改善其在他人眼中形象。

1.服装款式的选择

在穿衣选择上，矮个子男士的着装，应尽量避免水平线条，以免使其手和腿的位置看起来更加低。上衣不能过于宽松，裤子以直而平脚为宜，服装尺码以合体为主。两件套服饰比较适合，外衣敞开穿着，内搭上装的颜色最好与下装颜色相近或同色，与外套的色彩形成对比，这样从视觉上来说会有一种纵向拉升感，使人显得高一点儿。

2.矮个子的男士，穿着的颜色也应该非常讲究

服饰的颜色，从上到下应有一个基本色调，上、下装颜色对比不能太悬殊，最好利用同色或近似色。可以穿里外颜色对比明显的衣服，如穿深色西装、白衬衫和深色领带，这很容易获得一种适宜的对比色，使上身看上去视感丰富，从而给人留下较深的印象。但不要穿上身、下身颜色截然不同的服饰，如黑裤子配白衬衫，这样看起来人的身体似乎被分成了两段。对任何一种把身材分成几段的服饰，都不要因为时髦而去尝试，那只会让身高看上去更矮。身材矮胖的男士，一般不宜穿红、黄、白等明艳色彩的服装。

3.选择适合自己的穿衣风格

矮个子男士的服装应以简洁明快为主，这样的服饰看上去更清爽。上下层叠太多的服饰则有堆砌之嫌。短夹克也不是理想款式，因为上装过短会暴露其致命弱点——腿短而粗。最适合的上装长度为稍盖过臀部为宜，而且应以稍宽松的上衣配稍紧裤子。穿衬衫、T恤时，可将上衣扎入裤腰内，束上皮带，显出腰线，给人以干练之感。

年轻的矮个子男士，为了显得成熟一些，可选用一些比较庄重的服装，尤其是较为正式的绅士派服装。这类服装要求质地好，看上去简练优雅，再加上一条质地好的领带，这样可显得比较庄重。

4.矮个子男士的着装，应多注意对细节的把握

对于矮个子男士来说，服饰配件显然有一定的价值。如精美手表、皮

带、高档领带、随身备用钢笔等。如果戴眼镜，镜框的选择可稍宽，以增添其面部力度。若平时常背公文包，可选择手提式公文包。皮带和衣服的颜色应协调，反差不能太大，皮带也不宜太宽。皮鞋以传统的单色或近似拼皮尖头鞋为佳。矮个子的男士可以和一般人一样选择服饰，但应注意不要让自己的服饰过于单调或过于花哨，要注意整体服饰比例匀称、剪裁合体。

5.矮个子的男士还应对自己的仪容有足够的重视

要把自己头发梳理得整整齐齐，把胡须刮得干干净净，把皮鞋擦得铮亮，使自己的衬衫保持洁净。唯有这样，你才会越来越拥有自信，不仅培养了良好的生活习惯，也会给周围的人留下干净利落的好印象。

......

优秀员工必备的职业素养

有人说过，促成一个人成功的因素，专业知识只占15％，另外85％则来自于他的修养、人际关系、处世能力以及应变能力等。在今天激烈的职场竞争中，一个人的职业素养显得极为重要。职业素养是企业选用人才的第一标准，是职场制胜、事业成功的第一法宝。

初入职场者的职业素养是需要培养的，随着在工作中继续学习，职业素养还可继续提高。

衡量一个人的职业素养，要看他的思想素养、心理素养、文化素养、品格素养、道德素养、文明素养等。另外，职业素养往往和职场礼仪紧密相连，拥有良好的职业素养必须懂得职场礼仪，而熟悉职场礼仪是培养良好职业素养的前提。职业素养的提升应从内心的历练开始。

有这样一个真实的案例：

一个毕业班的班主任带着班里的六十几个学生到当地一个国企参观。该集团的老总是班主任的老同学，因此，老总亲自接待这些学生，秘书和工作人员也非常客气。秘书将同学们安排在一个有空调的大会议室，工作人员给每个学生倒了一杯水。学生们很坦然地坐在座位上，一点儿也没有客气，其中还有一个女同学问工作人员有没有红茶，因为她平时只喝红茶。

只有一位同学起身，双手接过工作人员递过来的水杯，并客气地说了声："谢谢，您辛苦了！"老总办完事情之后，急急忙忙赶过来连声道歉："对不起，对不起，让你们久等了。"谁知，竟然没有人应声，只有班主任和刚才起身的那位同学带头鼓起了掌。

老总讲话的时候，发现同学们都端坐着，没有人做记录，于是让秘书去领一些笔记本和笔，然后，老总面带笑容地用双手递给每一个学生，突然，老总的笑容没有了，因为学生们都是伸着一只手接过笔记本和笔，有的学生根本不起身，更没有道谢。只有刚才那位同学尊敬地站起来，双手接过纸和笔，并连声说谢谢。这时，老总的脸上才露出一丝笑容。

毕业分配的时候，该同学接到了那个国企的录用通知书。其他同学非常不服气："他的成绩并不优秀，凭什么只让他去？"班主任一边叹气一边说："我带你们去参观的真正目的是想给你们创造机会，可你们都失去了。该公司点名要这位同学，这是他自己争取到的机会。"

在我们周围也有这种人，不懂得尊重别人，也不懂得基本的礼仪，机会往往在一些容易被人忽视的小细节中溜走了。因此，对于初入职场者和已经身在职场的人来说，具有职业素养非常重要。

职业素养是指行业内的规范和要求，是在工作过程中表现出来的综合品质，包含职业道德、职业技能、职业行为、职业作风和职业意识五个方面。

职业素养至少包含两个重要因素：敬业精神与合作的态度。敬业精神就是在工作中认真负责，不管做什么工作一定要做到最好，尽全力去做，对于一些细小的错误一定要及时更正。敬业不仅仅指工作中吃苦耐劳，更重要的是用心去做好公司分配的每一项工作。工作态度是职业素养的核心，好的工作态度是决定成败的关键因素。

在企业中，管理者比较关注员工身上是否具备良好的职业素养。随机应变能力、策划能力、组织能力、领导能力和控制能力，如果拥有这几种能力以及与这个行业相关的专业技能，那么职场上便能顺风顺水，获得管理者青睐。

优秀员工必备的职业素养有以下几点：

1.要专注

一流的员工，不会只是停留在"为了工作而工作、为了赚钱而工作"的层面上，会站在管理者的立场上，用管理者的标准来要求自己，像管理者那样去专注工作，以实现自己的职场梦想与远大抱负。

2.要有迅速适应环境的能力

快速适应环境是一种能力，员工应该学做职场中的"变色龙"。当今社会，就业形势越来越严峻、竞争也越来越激烈。能不能够迅速适应职场环境已经成为个人素养中的重要组成部分。善于适应环境是一种能力的体现，具备这种能力的人，手中也握有了一个可以纵横职场的筹码，不适应者将被淘汰出局。

3.要有在压力中成长的能力，别让压力打败了你

有压力，是工作中的一种常态，面对压力，不可回避，要以积极的态

度去疏导、去化解，并将压力转化为自己前进的动力。有时最出色的工作成果就是在高压的情况下做出的。

4.要有善于表现自己的能力

善于表现的人才有竞争力，要把握一切能够表现自己的机会。在职场中，有时不能太低调，那些善于表现自己的员工，往往能够获得更多的自我展示机会，从而能够迅速脱颖而出。

5.低调做人，高调做事

低调做人，可以赢得好人缘；高调做事，可以展现工作能力。工作中，学会低调做人，可以能为自己赢得好人缘；善于高调做事，更能引起领导注意。在"低调做人"中修炼自己，在"高调做事"中展示自己，这种恰到好处的低调与高调，可以说是一种进可攻、退可守，看似平淡，实则高深的处世谋略。

6.要定期设立工作目标

目标是一道分水岭，开始工作前应该先把目标设定好。确立有效的工作目标，是在职场顺利发展、不断取得进步的前提。在工作中，首先应该明确自己想要什么，然后再去努力追求。一个人如果没有明确的目标，就像船没有罗盘一样。缺乏明确目标的人，其工作便没有方向。每一份富有成效的工作，都需要明确的目标去指引。坚定而明确的目标是保持工作专注的一个重要前提。

7.要做一个管理时间的高手

谁善于管理时间，谁就能赢。应该学会统筹安排，这样可以帮助你更好地完成工作。时间对于每个人都是公平的，每个人都拥有相同的时间，但是在同样的时间内，有人表现平平，有人则取得了卓越的工作业绩，造成这种差别的原因就在于每个人对时间的管理与使用效率上存在着巨大差别。因此，要想在职场中具备不凡的竞争力，应该先将自己培养成一个时间管理高手。

8.主动提高工作效率

不要只做老板交代的事，工作中没有"分外事"，不是"要我做"，而是"我要做"。自动自发的员工，善于把握机会，常有超乎他人要求的工作表现，他们头脑中时刻存在着"主动就是效率，主动、主动、再主动"的工作理念，同时他们也拥有"为了完成任务，能够打破一切常规"的魄力与判断力。显然，这类员工才能在职场中取得傲人的业绩。

9.服从，应是员工的第一职责

不可擅自歪曲、更改上级的决定，要多从上级的角度去考虑问题。服从上级的指令是员工的天职。"无条件服从"就是沃尔玛集团要求每一位员工都必须奉行的行为准则，强调员工对上司指派的任务都必须无条件地服从。在管理组织中，没有服从就没有一切，所谓的创造性、主观能动性等都是在服从的基础上能够产生的，否则公司再好的构想也无从得以推广。那些懂得无条件服从的员工，才能得到企业的认可与重用。

10.要勇于承担责任

工作就是一种责任。管理者向来青睐具备强烈责任心的员工。德国大众汽车公司认为："没有人能够想当然地'保有'一份好工作，而要靠自己的责任感去争取一份好工作!"由此可见，没有比员工的责任心所产生的力量更能使企业具有竞争力的了。显然，那些具有强烈责任感的员工在职场中具备更强的竞争力!

谦卑有礼，帮助你在职场上游刃有余

礼仪能够调节人际关系，从一定意义上说，礼仪能够促进人际关系和谐融洽。人们在交往时按礼仪规范去做，是互相尊重的表现，利于建立友好合作的关系，缓和、避免不必要的矛盾和冲突。

谦卑有礼，能够帮助你在各种场合进退自如，能够有效提高沟通效率并改善沟通结果。有些人在生活中会突然与人发生冲突，甚至采取极端行为。礼仪有利于促使冲突各方保持冷静，缓解已经激化的矛盾。如果人们都能够自觉主动地遵守礼仪规范，按照礼仪规范约束自己，就容易使人与人之间的感情顺利沟通，建立起相互尊重、彼此信任、友好合作的关系，进而有利于事业的发展。

企业中的员工如果能够在待人接物时知书达礼、着装得体、举止文明、彬彬有礼、谈吐高雅，那么，企业就容易赢得社会的信赖、理解和支持。反之，如果一个企业的员工言语粗鲁、衣冠不整、举止随意、傲慢无礼，就会有损公司的形象，甚至失去顾客、失去市场，在市场竞争中处于不利的地位。人们往往会从某一个职工、某一件小事情上，衡量一个企业的可信度、服务质量和管理水平。

职场礼仪，是指人们在职业场所中应当遵循的一系列礼仪规范。学会这些礼仪规范，将使一个人的职业形象大为提高。了解、掌握并恰当地应用职场礼仪，有助于完善和维护职场人的职业形象，使其在工作中能够左右逢源，事业蒸蒸日上。想要取得一定的成就，不一定要才华横溢，但在工作中一定要有为人处世的技巧，学会与人沟通和交流，这样才能在职场中赢得别人的尊重，才能在职场中获胜。

通常职场礼仪有以下几种：

1.自我介绍时的礼仪

与人初次见面，在交谈中让别人记住你是谁非常重要。因此，和别人见面做自我介绍时，绝不可马虎。那么应该如何自我介绍呢？首先，要面带微笑，笑容会令对方感到温暖，能够营造出融洽、和谐的气氛。当双方目光相对，互露微笑之后，就可以做自我介绍了。另外，做自我介绍的同时也必须记牢对方的名字。如果你没记清楚的话，不但会让对方感到失望，而且也很不礼貌。如果在交谈中时常提到对方的名字的话，对方便会觉得你很重视他，从而感到愉快，促进双方感情的交流，这是在英国及美国社交中常用的方法，值得我们借鉴。

在介绍他人时，进行介绍的正确做法是将级别低的人介绍给级别高的人。例如，如果你的首席执行官是高女士，而你要将一位姓刘的行政助理介绍给她，正确的说法是："高女士，我想介绍刘先生给您。"如果你在进行介绍时忘记了别人的名字，不要惊慌失措。你可以这样继续进行介绍："对不起，我一下子想不起您的名字了。"与进行弥补性的介绍相比，不进行介绍更加失礼。

2.接、递名片时态度要谦和，不能轻慢

初次与人见面，打过招呼后互通姓名，然后就是相互递交名片。递交名片这样一个小小的动作也要注意礼仪，要表现得体。名片应该放在名片夹内，而不应放在别的票证夹里，更不应该随意夹在小本子里，需要时到处乱翻；名片夹可放在西装的内袋里，最好不要从裤子口袋里随意掏出；名片夹可以长久使用，所以条件允许的话尽可能买个质地好的；如果对方伸出左手递交名片，自己要伸出右手去接，同时左手也应递交名片；接受名片时，右手去接对方的名片，左手拿自己的名片夹；对方名片上的姓名如有不容易读的字，应客气地问清楚；如果对方有两人以上，应将他们的名片排好，并按照名片的顺序，分别与他们进行交谈。递交名片时，最好做到：拿名片下端，使对方易于接；位置至对方胸前；只是单方面接对方名片时，要把左手和右手同时伸出。

3.同别人交谈时使用敬语

使用敬语是对他人的尊重。在职场中，敬语使用错误的话，也会非常难堪。例如，请别人替你服务时，要加上"请"字，一个有身份有教养的人，不应该忽略这些小事情。同样的一句话，会因讲法不同，而给人完全不同的感受。例如，前面有人挡住了你的去路，你大声喊叫："让开！让开！我要过去！"或许换来的只是不屑一顾的白眼。如果你使用敬语，客气地说："对不起，麻烦您让一下路好吗？"对方一般会马上让开，面带笑容地让你过去。只要你养成习惯，对别人心怀尊重，那么敬意就会很自然地流露出来，而不需要使用太多的敬语。例如，公司的上司有事叫你过去，你不需使用敬语，只要很自然地含笑点个头，问一声："有什么事吗？"那你的敬意就很自然地流露出来了。这样做容易赢得同事和上司的好感，也有利于自己职业的发展。

4.握手时要注重礼仪

握手是人与人的身体接触，能够给人留下深刻的印象。强有力的握手、眼睛直视对方将会搭起积极交流的舞台。

5.给对方发电子邮件时要注重礼仪

电子邮件、传真和移动电话在给人们带来方便的同时，也带来了职场礼仪方面的新问题。虽然你有随时找到别人的能力，但这并不意味着你就应当这样做。如今，很多人的电子邮箱里都充斥着笑话、垃圾邮件和私人便条，与工作相关的内容反而不多。请记住，电子邮件是职业信件的一种，而职业信件中是不该有不严肃的内容的。

传真应当包括你的联系信息、日期和页数。未经别人要求不要发传真，那样会浪费别人的纸张，占用别人的线路。

虽然现在微信让你有随时找到别人的能力，但这并不意味着你就应当这样做。遇到重大的事情，还是应该用电话联系，表示你的诚意。另外，微信联系固然方便，但是要掌握一定的礼仪，如能够打字，就尽量不要用语音，语音会让人觉得态度不够诚恳，也不要动不动就撤回消息，容易引起对方不必要的猜想，微信上说出去的话，要和日常生活的话一样得体，有礼貌、有分寸、有重点。

6.掌握道歉的礼仪

即使你严格遵循社交礼仪，你也不可避免地会在职场中冒犯别人。如果发生这样的事情，就要真诚地道歉。表达出你想表达的歉意，然后继续进行工作。将你所犯的错误当成件大事只会扩大它的破坏作用，使得接受道歉的人更加不舒服。

......

塑造"好员工"形象

在一个企业里，职员总是希望自己能得到老板的赏识和器重，从而保住自己的饭碗，或是被提拔重用。良好的职业形象，可以给老板留下不错的第一印象。

最容易受到老板提拔的几种人

第一种：穿着干净整齐，有良好的职业形象的人

办公室不同于别处，一旦踏上工作岗位，就需要保持良好的职业形象。塑造良好的职业形象，第一步从穿着打扮开始，被认为最得体的办公室穿着，是和上司或老板风格相似却不雷同的衣服。聪明地模仿上司的穿着，会让他在不知不觉中与你感觉亲密。但是最好不要穿得比老板还出风头。第二步要注意精神面貌，没有人愿意看到身边的同事整天无精打采的样子，因此，要让自己每天看上去精神饱满、充满自信，平时尽可能做到"站如松，坐如钟，行如风"。平时工作时再多微笑，便会塑造出满意的职业形象。第三步，让自己的办公桌时刻保持整洁，这样会给人留下有条理的印象，很容易对你的做事态度和方式放心，愿意将重要的工作交付与你。

第二种：能胜任工作，忠于职守的人

通常员工入职后，老板对其会有一个试用、观察的过程。如果员工的文化知识、管理和技术水平、公关交际能力、处事待人的修养等综合素质都能胜任本职工作，并且忠于职守，日常工作任务和老板临时指定的工作能件件落实，并出色完成各项工作任务，肯定会得到老板的赞赏。

具体来说，能胜任工作、忠于职守的员工要从以下几个方面努力：

首先要守时。守时守信，是做人的基本素质，也是负责任的表现。只有能够负责任，上司和同事才会放心把重担交给你。

其次要学习。要通过恰当的途径让上司和同事知道你不仅有很强的学习能力，而且乐于学习。想要在工作中有所提升和进步，就要不断地学习，不断充实自己，从而获得上司的赏识和提拔。

再次要勤恳。职场中勤恳工作的员工很受上司欢迎，这也是一种积极的工作态度。

最后要谦和。很多人，尤其是新入职的员工，认为工作积极就是要表

现得非常有抱负、有目标，其实上司尽管喜欢那些有目标、有抱负的下属，但是更愿意下属在团队中表现得谦和一些、合作一些，因为团队的"平衡"和"和谐"才是工作获得成果的关键。

第三种：努力完成老板布置的任务的人

有的人认为自己工作努力而且积极上进，却始终得不到提拔。其实，想要在职场上获得提升，工作努力是一方面，不断取得出色的成果也是一方面。有的人虽然工作积极，但总是做不出老板想要的成果。举个简单的例子，老板希望得到的业绩分析报告的主旨是说明业绩无法得到提升的原因，而员工的分析却是说明为什么业绩如此之差，两者尽管分析的内容相同，但在方向上有差别。这时，任凭员工再有理有据地分析，这些分析结果在老板眼里也是无用的。

第四种：提高自己的"出镜率"，懂得及时地展现自己的人

如何给自己创造"上镜"的机会呢？上司和下属各有自己的工作，尽管在同一个办公场所，但是如果随便去问某个人："上司知道你在忙什么吗？"他也许会茫然不知怎么回答。职场中的普遍现象是：上司通常并不十分清楚下属在忙些什么。能否在职场中更快速地进步从而独当一面，很大程度上取决于是否能够得到上司的信任、指导和帮助。因此，让上司知道自己在忙些什么很重要，此时，一定要养成良好的工作习惯，每天或定期主动地向上司汇报自己的工作进程和关于工作的想法，诚恳地请求上司给予指导和意见，让上司看到你的努力。

第五种：具备管理和技术创新能力的人

企业要求得生存和发展，必须不断进行管理和技术的创新。作为公司老板，不仅自己要在这方面起领导作用，而且也希望自己的员工在这方面大有作为，通过员工集体智慧和创造力的发挥，改进公司的管理制度和方法，提高生产技术水平和产品的科技含量，从而增强公司的竞争力，以一定的优势抢占市场，拥有自己的立足之地，并不断发展壮大。

因此，作为公司的一员，员工应充分利用自己现有的知识和技术，努力学习掌握新知识、新技术，围绕公司的发展目标，积极地进行管理创新和技术创新。

第六种：能根据市场需求给公司出谋划策的人

如今，许多公司企业生产经营业绩的好坏都与公司领导的利益密切相关，所以管理者对善于给公司的生产经营和管理出谋划策的员工特别喜欢并委以重任。因此，员工应注意从自己的本职工作中总结经验教训，发挥自己的聪明才智，积极地给公司的生产经营和管理提出合理化建议，供公司决策层参考。

第七种：具备和同事沟通与协作能力的人

作为公司员工，一方面自己要有胜任本职工作的能力，积极做好本职工作。另一方面还要注意与领导和同事的沟通，对完成工作任务的情况以及工作中遇到的问题和困难，要及时向领导汇报并与同事、相关部门沟通、商讨，以便领导及时掌握情况，采取相应对策，相关同事也能予以理解、支持和配合。公司员工应有团结协作的精神，与同事和相关部门密切配合，共同完成好工作任务。

第八种：能严格遵守公司的规章制度的人

公司依法制定的规章制度，是公司员工的行为准则，也是公司生产经营能否正常运转的保证。员工应严格遵守公司的各项规章制度，包括考勤制度、财务制度、工作责任制度、劳动纪律和操作规程等，切不可肆意违反。此外，还应与公司共荣辱，在公司内外都要注意维护公司的良好形象。

第九种：有思想的人

上司不仅喜欢发现问题的人，更喜欢那些发现问题并能解决问题的人，不仅喜欢会"下棋"的人，更喜欢那些走一步就知后五步如何走的人，有思想比有业绩更可贵。

第十种：有敬业精神的人

管理者最痛恨那些不敬业的人，甚至觉得他们不是在浪费自己的生命，而是在浪费公司的资源，相反，管理者最喜欢那些敬业的人。敬业的员工能主动地去工作，严格要求自己，积极推进工作进展。

第十一种：能"开疆拓土"的人

利润是企业的生命，企业无利可赚之时，也就是企业无法运转之时。企业中晋升最快、收入最多的人，往往是能给企业带来丰厚利润的员工。

总之，要想获得老板的青睐，就需要在工作中不断地努力，不断提升自己。无论老板喜欢什么样的人，只要踏实肯干，就能赢得老板的信任。

......

把握分寸，塑造"好同事"形象

职场中人，每天和你在一起时间最长的人，往往是在同一个场合办公的同事。同事之间关系融洽，配合默契，有利于工作顺利开展，所以，在工作中给同事留下好印象，对于自身在职场中获得良好发展非常重要。

五类人最让同事心烦

职场欢迎什么样的人？作为新人应该怎样才能更好地融入新的环境？这是每个期待能干出一番事业的人都应该思考的问题。想要在职场上一路顺风，没有偷懒的诀窍，唯有老老实实脚踏实地地工作。每个职场人都应尽量避免成为以下不受欢迎的人：

1.不懂装懂的人

新到一个单位，明明什么都不懂，却总是装出一副什么都懂的模样。这类人通常在找工作时就以薪资多少为首选，忽视工作内容，给人的感觉是幼稚、无知。

2.将错就错的人

这类人虽然十分向往成为优秀的人才，却不确定目标，而且听不得别人批评，一旦做错事被发现，就开始找借口并抱怨，最后不忘加上一句："这是没办法的事，怪不得我。"这类人常常面临着人际关系危机。

3.大吹大擂的人

这类人通常在面试时自称以往业绩优异，但被录用后却发现其所言夸大其词，实际上并无过人之处。这类人在工作中表现平平，与同事配合不佳，也无法出色地完成上级交代的任务。

4.回避责任的人

这类人常常会自我安慰："因为我是新人，工作做得不好，可以原谅。"这种人常常给人带来这样的印象：该做的事不去做，缺乏责任感。

5.恃宠敷衍的人

这类人上班只想着在工作场所出风头，对工作持恃宠敷衍的态度，能耍赖就耍赖，只会想着如何投机取巧，一心一意地讨好上司，而不肯踏踏实实地做事。

上述五种人，缺乏应有的职业素养，也是令人讨厌的类型。因此，想要在职场获得良好的人际关系要尽量克服自己身上的毛病，避免做一个被同事讨厌的人，平时应该主动和同事搞好关系。当然，这也要看和同事之间的"好关系"是靠什么来维持的，如果只是因为你是一个很好"使唤"的同事，能够为个别人减轻很多负担，甚至成了他们犯错时的"牺牲品"，拥有这样的

"好关系"显然不值得庆幸。尤其作为初涉职场的新人，要记住，同事不等于朋友，不能公私不分。和同事保持适当的距离，会使工作进行得更顺利。

能否建立良好的同事关系，是考验员工人品的"试金石"。

1.同事之间"和"为贵

同事作为工作中的伙伴，难免有利益上或其他方面的冲突，处理这些冲突的时候，第一个想到的解决方法应该是和解。与同事和睦相处，才能保证工作顺利开展。

2.必须学会尊重同事

在人际交往中，自己待人的态度往往决定了别人对自己的态度，因此，若想获得他人的好感和尊重，必须首先尊重他人。研究表明，每个人都有强烈的被爱和受尊敬的需要。在工作上，如果不小心，很可能在不经意间说出令同事尴尬的话，使同事感觉受到了冒犯，此时要真诚地向同事道歉，表示对同事的尊重。

3.主动化解与同事间的矛盾

同在一个单位工作，日日与同事见面，免不了会有各种各样的矛盾。要化解同事之间的矛盾，应该采取主动的态度，耐心处理，等双方都冷静下来后再解决。如果自己确实做了一些错事并遭到指责，那么就要真诚地道歉。只要真诚地努力往往可以化解同事之间的矛盾，如果遇上一些顽固不化的人，在你做出努力后，对方仍然不愿意和你和解，那么做好本职工作，避免日后再次与其发生冲突。

4.要学会与各种类型的同事打交道

每一个人，都有自己独特的生活方式与性格。在公司里，总有些人是不易打交道的，如傲慢的人、死板的人、自尊心过强的人等。所以，与人交往必须因人而异，采取不同的交际策略。

(1) 过于傲慢的同事

办公室里，有些同事喜欢挑剔，言谈中常带着尖刻、讽刺的味道。与性格高傲、举止无礼、出言不逊的同事打交道难免使人产生不快，这时，不妨采取这样的措施：爱挑剔是办公室"刺猬"的典型表现。一种是不带恶意的挑剔，对于这种挑剔，听起来虽然有些不顺耳，但也不妨放宽心胸，愉快地接受。另一种是恶意的挑剔，是别有用心，对这种行为就要学会予以反击，以子之矛，攻子之盾，把他的毛病和问题充分展示出来，让他无法挑剔你，或者尽量减少与他接触，与其交谈时言简意赅，尽量用短句子来清楚地说明你的来意和要求，给对方一个干脆利落的印象，使其难以施展傲气，即使想摆架子也摆不了。

（2）过于死板的同事

与这一类人打交道，不必在意他的冷面孔，相反，应该热情洋溢，以热情来化解他的冷漠，并仔细观察他的言行举止，寻找出他感兴趣和比较关心的事进行交流。与这种人打交道一定要有耐心，不能急于求成。

（3）好胜的同事

有些同事狂妄自大，喜欢炫耀，总是不失时机自我表现，在各个方面都好占上风。对于这种人，只要不影响自己的工作，以平常心对待就可以了。

（4）"城府较深"的同事

这种人对事物不缺乏见解，但是不到万不得已或者水到渠成的时候，绝不轻易表达自己的意见。这种人在和别人交往时，一般都工于心计。和这种人打交道，一定要有所防范，不要让他完全掌握你的计划和底细，更不要被他所利用。

（5）"口蜜腹剑"的同事

"口蜜腹剑"的人"明是一盆火，暗是一把刀"。碰到这样的同事，最好的应对方式是敬而远之，能避就避，能躲就躲，除非工作需要，尽量少与其接触。

（6）急性子的同事

遇上性情急躁的同事，一定要保持冷静，对他的莽撞，可以采用宽容的态度，一笑置之，尽量避免与其争吵。

（7）刻薄的同事

刻薄的人在与人发生争执时好揭人短，且不留余地和情面。他们惯常冷言冷语，挖人隐私，常以取笑别人为乐，行为离谱，有理不让人。碰到这样的同事，要与其拉开距离，尽量不去招惹他。

第八章

宴会形象：在优雅中收获黄金"人脉"

......

如今，越来越多的商务人士发现，餐桌是一个绝佳的交流平台。如果给对方一个良好的宴会形象，即使是简单的一次会餐，有时也能收到事半功倍的效果。

......

宴会前的准备

宴会在商务交往中有很重要的作用，也有严格的礼仪要求。一场宴会成功与否，能否达到主人所预期的目的，与宴会的准备工作密切相关。在宴会前的准备工作中，必须要注意礼仪，明确宴请的对象、目的、形式，具体做到以下几点：

1.宴请对象

要明确宴请的对象。主宾的身份、国籍、习俗、爱好等，以便确定宴会的规格、主陪人、餐式等。

2.宴会目的

宴请的目的是多种多样的。可以是为表示欢迎、欢送、答谢，也可以是为表示庆贺、纪念，还可以是为某一事件、某一个人等。明确了目的，就便于安排宴会的范围和形式了。

3.宴请人数

宴请哪些人参加、请多少人参加都应当事先明确。主客双方的身份要对等，主宾如携夫人，主人一般也应以夫妇名义邀请。有哪些人作陪也应认真考虑。对出席宴会人员还应列出名单，写明职务、称呼等。

宴会之前应按照宴请所要达到的目的，认真列出被邀请宾客的名单，谁是主宾，谁是次主宾，谁做陪客，都要明确，不能遗漏。一般来讲，商务宴会的目的，要么洽谈项目，要么签订合同，要么接风迎客，要么践行话别等，按照常规，不宜把毫不相干的两批客人合在一起宴请，更不能把平时相互之间有芥蒂的客人请到一起吃饭、饮酒，以免出现不愉快的场面。

小陈大学毕业后很顺利地进入一家大型企业，凭着聪明和勤奋，她深得领导赏识。有一次单位接待一位前来投资的大老板，经理将设宴接待的任务交给小陈，并特地嘱咐她一定要认真对待。小陈仔细地对比附近的酒店规格，并向对方发了邀请函，可百密一疏，她忘记了邀请和大老板一起前来的助理。宴会现场，众人等待中，小陈暗自嘀咕说："这该来的怎么还没来。"其他人一听，寻思着他们都是不该来的。好几个人很不高兴地起身离开了，眼看就要谈成功的投资最后却泡汤了。

不该说的话不要说，不该做的事不要做。私人宴席上犯些错无所谓，可要是商务宴会中犯错，那么可能会丢掉大订单。

如果你是宴会的组织者，一定要认真核对客人名单，仔细检查有无遗漏的人员，特别是口头邀请的客人，在发出邀请后，别忘记叮嘱客人给予回复，并再次表达自己的诚意。

如果你是被邀请的人，不管是打电话还是发邀请函，根据自己的日程安排都要尽快给出明确答复，如果不能确定，就在出席宴会的前一天再给对方一个明确的答复，以便对方确定出席人数。含糊其辞或模棱两可都是不礼貌的，更不能突然造访让对方毫无准备，诸如假意推托、态度暧昧、语意模糊都是不恰当的做法。一旦接受邀请就必须如期赴约，除非遭遇疾病和非处理不可的事情，否则不要失约。要是实在不能出席，要及时有礼貌地向主人解释道歉。

琳达是个"马大哈"，尤其是周末，她经常会"赶场子"，上午出席朋友生日宴会，下午出席业内Party，晚上还会参加晚宴。这么多场宴会一天时间应付下来已经够她手忙脚乱的了，要是考虑不周，忘了参加某个宴会也是稀松平常的事。那次琳达就犯了这样一个错误，原本答应要出席行业精英宴会，可事到临头她忽然被叫去做别的事，对方苦等她半个小时，打电话才知道她不能出席宴会了。那次琳达在行业内有了非常不好的口碑，导致她多次出去谈事都无功而返。

由此可见，准时赴约也是赴宴的重要礼仪之一，既不要迟到也不要早到太多，应稍有提前，保证准时。到场太早也不太合适，容易给主人添麻烦，还得抽出空来招呼早到的客人。迟到就更失礼了，既会给主人带来不便，也会让其他宾客因等待而感到不悦。有客人迟到时，主人应该把就餐时间适当推迟。如果为了一个人，而让其余的人等几十分钟以上，那会显得很无礼。

如约到达后，可先到休息室等候，在主人引导下与其他宾客一起入席。如没休息室可直接入宴会厅，切忌提前到餐桌旁落座；找一个地方坐下来，可以和关系熟识的人做些沟通，也可以通过主人牵线搭桥去认识你想认识的人。

宴会上点菜要考虑到客人的禁忌

商务宴会中，点菜是个"技术活"，现如今高、中、低档饭店酒楼一应俱全，东西南北菜品应有尽有，一顿饭光点菜差不多要花去半个小时的时间。菜点得不合客人口味，往往会影响宴会的效果，最后往往难以"宾主尽欢"。

饭桌上，客人总是被隆重请到主位。有的人把菜单翻来覆去看了几遍，不知道点什么好，便扔下一句"随便"。谁都知道商务宴请，最怕听到的就是"随便"两个字。没有一个人是随便的，每个人都对他所需要的东西有明确的标准，领导和客户更是如此。因此别小看点菜，这可是一个人把握全局、深谙客户心理和需求的综合能力的体现。

如果领导对下属"放权"，就意味着"今天的宴会是对你的考验，你要是点的东西让我不满意，我会很不开心，也会影响我对你的信任"。如果客户对主人客气，让随便点菜，那"随便"的准确翻译就是"看看你究竟有多大的诚意"。因此，商务宴会上点菜一定要考虑全面，各方面因素都顾及，争取做到让客人满意。

在点菜时，一些禁忌必须要注意：

1.宗教的饮食禁忌

在点菜时一定要顾及客人的宗教饮食禁忌。

2.特殊人群的禁忌

比如，患有心脏病、脑血管、动脉硬化、高血压和中风后遗症的人；比如，患有肝炎、胃肠炎、胃溃疡等消化系统疾病的人；比如，有高血压、高胆固醇的人等。

3.饮食偏好的禁忌

比如，南北方人。比如，宴请外宾时的菜肴。

4.职业禁忌

在此不详说。

当然，如果你对点菜实在不太在行，这里给你一个好建议：把点菜这件事交给导食顾问。

穿梭于各餐桌的"营养点菜师"是一些餐厅推出的新服务。他们是食客们的导食顾问，用专业化的知识帮顾客选择菜品。他们能根据就餐顾客的不同需求、不同喜好，快速、专业地提供点菜或宴席菜单的服务，让顾客吃上一桌称心、安全、营养、可口的饭菜。

商务宴请时经常遇到这样的尴尬，所有的菜味道都不错，但一场宴会下来，口味丰富性、质感多样性、色彩的搭配以及营养均衡等都很欠缺。个中原因就是重视了每道菜，而忽略了各个菜品之间的搭配。因此，由专业人士来帮忙点菜，更利于商务宴会顺利进行。

当然了，并不是每家酒店都有导食顾问，说到底，掌握必要的点菜常识是每一个职场人士不可或缺的交际课程。真正向客人展现邀请诚意，应该从点菜时开始。菜谱要先递给客人，然后再在每个人手里传递。等到主菜比客人人数多一个到两个，就该配冷盘和例汤了。当然，如果客人谦让点菜权，主人也不必过于勉强。来回地推辞只会让点菜的时间无限延长。

拿到菜谱，一定要问清聚餐的人有没有忌口，这样点菜时就可以兼而顾之，不会有人大快朵颐，有人停箸默然。点菜过程要快，不要为了一个菜纠结半天。

荤素搭配是十分必要的，尤其是有女性客人时，更要关切她们对素食的需求。特别是年轻爱美的女性很注重自己的身材，对于特别油腻或者可能导致增肥的菜她们一般会有禁忌。再重要的商务宴请也不需要每个菜都很贵，最好要有一道口味清淡的水果或蔬菜。

菜品之间不要太相似也是点菜时需要注意的，不要点用同样手法烹调的两种菜肴，或者不点主料内容相同的菜肴。点菜时除了要分配各种烹调方法，也要注意口味的搭配是否重复，甜酸、麻辣、盐酥等口味要适当搭配。

一般来说，商务宴会虽然比较正式，但有时酒店的特价菜也可以尝试点一两道。特价菜是餐馆招揽顾客的促销措施，通常能体现餐馆的特色。实在不了解餐馆的特色的话，可以看看别人桌子上的菜，从分量到成色，大致可以估计个八九不离十。这样点菜虽然有点笨，但对于进一家陌生的酒店吃饭还是有帮助的。

点完菜要询问客人用什么酒水。白酒的单瓶价格不要超过预算的一半，红酒要注意和菜品的搭配。如果吃海鲜，尽量喝干白，中餐和油腻的食物，最好配干红。

中餐礼仪：得体地品菜堪作一道风景线

职场有职场的规矩，饭桌上也有饭桌上的礼仪。商务宴会通常比较正式，如果不懂得一些用餐礼仪，在宴会上冒犯了客人，轻则得到上司责罚，重则给企业带来损失。

同样是吃饭，有的人吃饭非常优雅，有的人吃相堪称粗鲁，一高一下之间，礼仪的魅力可见一斑。吃中餐时需要注意的礼仪都体现在细节上，做到下面几点，无论菜品如何，你都将成为席间一道优雅的风景。

上菜后，即使你的肚子"咕噜"叫着抗议，也不要先拿筷子，等主人邀请之后，主宾拿筷时再拿筷。就餐的动作要文雅，夹菜动作要轻，而且要把菜先放到自己的小盘里，然后再用筷子夹起放进嘴里。

吃饭要端起碗，应该用大拇指扣住碗口，食指、中指、无名指扣碗底，手心空着。如果不端碗，伏在桌子上对着碗吃饭是非常不雅观的。

要小口进食，同时两肘向里靠，不要向两边张开，以免碰到邻座。如需要用摆在同桌其他客人面前的调味品，先向别人打个招呼再拿；如果太远，要客气地请人代劳。如在用餐时需要剔牙，要用左手或手帕遮掩，右手用牙签轻轻剔牙。

进餐时要闭嘴咀嚼，细嚼慢咽，嘴里不要发出声音，口含食物时最好不要与别人交谈。不能在夹起饭菜时，伸长脖子，张开大嘴，伸着舌头用嘴去接菜。一次不要往嘴里放入太多的食物，不然会给人留下一副馋相和贪婪的印象。

另外，吐出的骨头、鱼刺、菜渣等，要用筷子或手取接出来，不能直接吐到桌面或地面上。如果要咳嗽、打喷嚏，要用手或手帕捂住嘴，并把头向后方转。吃饭嚼到沙砾或嗓子里有痰时，要离开餐桌去吐掉。

在进餐过程中，尽可能地自己添加食物，遇到有长辈给你添饭，一定记得道谢。如果你想和长辈分享食物，先向对方推荐，得到同意之后再给长辈添饭。

有的人很热情，自己觉得口味不错的菜品便给左右邻座夹菜，实际上这是非常忌讳的行为。别人拒绝可能会伤害你的自尊心，但不拒绝，你的私人筷子到处夹菜实在是不卫生，因此建议大家 "荐菜不夹菜"。如果你觉得哪一道菜的确不错，可以告诉对方你的感受，但不要强迫对方去品尝。

取菜的时候应该互相礼让，按照年龄、职位的高低依次进行，取菜还应该适量，千万不要把自己喜欢的菜一个人独吞，其他人只有干对空盘子的份儿，应该从靠近自己的盘子或面对自己的盘边夹起，不要从盘子中间或靠近别人的一边夹起，更不要左顾右盼，在菜盘内挑挑拣拣，夹起来又放回去，这样会显得缺乏教养。离自己较远的菜品可以等大家品尝后再转动餐桌到自己跟前，千万别站起来，弓起身子伸长胳膊努力去夹，这样做很不雅。

用餐中为别人倒茶倒酒，此时要记住 "倒茶要浅，倒酒要满" 的礼仪规则。喝酒的时候，可以喝到欢畅，但不要一味地对别人劝酒，更不能强行灌酒，喝到脸红脖子粗，再和周围的人吆五喝六地划拳是非常不礼貌的行为。有些客人，特别是女性朋友，如果不胜酒力就不要勉强对方，以各种借口灌酒是失礼的表现。

有时宴会还没有结束但你已经用好餐。有的人这个时候要么迫不及待地告退，要么无所事事、东张西望，更有人将胳膊搭在椅子背上，一边抖着腿，一边剔着牙，喷着满嘴的酒气和邻座交谈。以上行为在商务宴会上出现非常不礼貌，是对客人的不尊重。如果你已经用完餐，那么不妨喝点茶，或者吃点水果，不要随意离席，等主人和主宾餐毕后离席，你再顺次离席不迟。

细节决定成败。宴会中注意细节无形中会为自己加分，也许你倒茶的优雅有礼让对方对你生出好感，也许你无意中一个响亮的饱嗝就让对方对你产生厌恶，几千万元的订单丢掉也不是没有可能。

在优雅中体会美味，在礼仪中提升人际关系，只有掌握好用餐礼仪，才能迈出商务社交的重要一步！

……

西餐礼仪：有趣的餐具暗语

一些职场人对西餐礼仪都不太熟悉。通常西餐厅和中餐厅的用餐环境不太一样，西餐厅的环境比较安静，在大多数情况下客人是不需要多费口舌的，因为客人的一举一动都已经告诉了服务员自己的意图，"刀叉语言"在这时发挥了重要的作用。

在吃西餐时，懂得西餐的"餐具语言"，能使你优雅地享受美食。

这里简单列举几种"餐具语言"，你会在餐具有趣的位置摆放中体会到西餐的微妙之处：

盘子没有空，如你还想继续用餐，把刀叉分开放，大约呈三角形，那么服务员就不会把你的盘子收走。

盘子已空，但你还想用餐，把刀叉分开放，大约呈八字形，那么服务员会再给你添加饭菜。注意：只有在准许添加饭菜的宴会上或在食用有可能添加的那道菜时，这个方法才适用。如果每道菜只有一盘的话，便没有必要把餐具摆放成这个样子。

盘子已空，你也不想再用餐时，把刀叉平行斜着放好，服务员就会在适当的时候把你的盘子收走。

只有熟练掌握餐具的使用规则，你才能运用好餐具的 "暗示语"，也才能让服务人员读懂你想要表达的进餐用意，因此，了解西餐的餐具以及用法成为首要前提。

西餐餐具的摆放

入席前，餐巾置于主菜盘的上面或左侧。盘子右边摆刀、汤匙，左边摆叉子。可依用餐顺序，前菜、汤、料理、鱼料理、肉料理，视你所需而由外侧至内侧使用。玻璃杯摆右上角，最大的是装水用的高脚杯，稍小一点的是盛红葡萄酒所用的杯子，而细长的玻璃杯是白葡萄酒所用，有时也会摆上香槟或雪莉酒所用的玻璃杯。面包盘和奶油刀一般放于左手边，主菜盘对面则放咖啡或吃点心所用的小汤匙和刀叉。

西餐餐具的使用

1.右手拿刀

如果用餐时，有三种不同规格的刀同时出现，一般正确的用法是：带小小锯齿的那一把用来切肉制食品；中等大小的用来将大片的蔬菜切成小片；而那种小巧的，刀尖是圆头、顶部有些上翘的小刀，则是用来切开小面包，然后用它挑些果酱、奶油涂在面包上面。

这里需要注意的是，很多人用餐比较随意，或者是出于表达需要，说话的时候手里拿着刀叉指手画脚，这样难免会让人胆战心惊。还有的人拿刀的姿势很奇怪，像握笔一样，且不说雅不雅观，这种握法恐怕很难用力，要将可口的菜品送入口中就更显得笨拙了。

2.左手拿叉

用餐时，可以选择自己喜欢的食物，用叉子叉起适量食物一次性放入口中，往嘴里送时动作要轻。西餐桌上最忌讳"豪放"作风，有的人叉起一大块食物然后放进嘴里，大快朵颐，有时尽管一次并不能吃光那块食物，可还是先叉起，然后用手竖起来举着，分多次食用，这都是不雅的行为。

叉起食物入嘴时，牙齿只碰到食物，不要咬餐叉，也不要让餐叉在齿上或盘中发出声响。

使用餐叉还要注意一个细节：不能用叉子扎着食物进口，而应把食物铲起入口。如果吃某一道菜不需要用刀，也可直接用右手握叉，例如，在吃意大利面时，只使用一把叉，不需要其他餐具，那么用右手来握叉倒是简易方便。

3.勺子的用法

在正式场合，勺子有很多种：小的是用于喝咖啡和吃甜点的；扁平的用于涂黄油和分食蛋糕；比较大的，用来喝汤或盛碎小食物；最大的是公用于分食汤的，常见于自助餐。不同勺子有不同的用法，一定要区别清楚。

喝浓汤时勺子横拿，由内向外轻舀，不要把勺子很重地一掏到底，使勺子的外侧接触到汤。同样，喝汤时用嘴唇轻触勺子内侧，不要端起汤盆来喝。汤快喝完时，左手可靠胸前轻轻将汤盆内侧抬起，汤汁集中于盆底一侧，右手用勺子舀清。

吃西餐时，每个人都有自己的餐具，如果是合餐，每个人都可从大盘里取用的话，那么一定有备用的公用叉或勺供大家使用。千万别像中餐一样为了显示热情和亲密，用自己的餐具给别人的盘子里放菜品。另外还要注意，西餐中最主要的是肉类和沙拉，在食用时还要注意进餐礼仪。

肉类要从左边开始切。用叉子从左侧将肉叉住，再用刀沿着叉子的右侧将肉切开，千万不要从右侧开始切。如切下的肉无法一口吃下，可直接用刀子再切小一些，切开刚好一口大小的肉，然后直接用叉子送入口中。不可一开始就将肉全部切成一块一块的，否则好吃的肉汁就会全部流出来了。

摆放在牛排旁边的蔬菜不只是为了装饰，同时也是基于营养均衡的考虑而添加的。许多人大都会把水芹留下，如果不是真的不爱吃，最好不要剩下，将蔬菜与肉互相交替着吃完。

吃沙拉时也要注意规范使用餐具。作为同主食一起上菜的沙拉，把沙拉盘放在主菜盘的左侧，这时一般只放一把叉子。如果遇见比较大叶的蔬菜，要先用刀子和叉子折起来，然后再用叉子入口。如果叉子上有色拉，通常用一块面包或蛋卷把叉子上的色拉推在盘子里。

如果有需要，按照餐具的"暗示语"传递给服务员你的意思就可以了。当然了，如果不慎将餐具掉在地上，此刻最正确的做法便是提示服务员重新更换一套餐具，而不必弯腰用不优雅的姿势去捡脏了的餐具。文明使用西餐餐具才能优雅地享受西餐的美味，这些礼仪知识你都了解了吗？

工作餐礼仪：适可而止，不必刻意追求档次

比起亲朋好友的聚餐或者比较正式的宴会，工作餐的一个显著特点就是目的性强，实际上它是以另外一种形式继续进行的商务活动。换句话说，它不过是把餐桌充当会议桌或谈判桌，改头换面所进行的非正式的商务会谈而已。中午抽出一些时间，大家聚在一起商讨工作已经成为职场人士必不可少的会餐形式，有时候只有两个人，有时候一个部门几个人或者十几个人，在不影响工作的前提下，利用工作间隙，举行一个小规模的聚餐来商讨有关问题。针对某个问题交换彼此的看法，或者就某些问题进行磋商，以期达到一定的目的。这种工作餐旨在轻松、愉快、和睦、融洽、友好的氛围里以餐会友，因此它并不强调形式与档次，这是很多商务人士应该清楚的一点。

裴娜是一名普通员工，在一次活动中，同事都纷纷拿出自己的意见和建议，最后大家无法达成一致。对此，经理提出中午简单地吃一个工作餐，地点就在楼下的大排档。裴娜对此特地写了一个发言稿。午餐时间，经理临时有事出去了，其他人先到大排档等候。在等候的时间里，裴娜自告奋勇地做起了"东家"，她一边询问大家对活动的想法，一边滔滔不绝地发表自己的建议和意见，经理赶到后，看到裴娜已经点好了菜，落座后，她一边将大家的看法汇总给经理，一边自作主张地拿出了决定性的方

案，经理一直坐在旁边一边吃饭一边点头，裴娜没有意识到自己已经犯了错，以为得到了经理的默许和鼓励，于是更加得意，用餐结束后她还极其热情地去买了单。

经理看了看大家，说："我看也没我什么事了，今天就到此为止吧，关于活动以后再议。"那顿饭后，裴娜就被调到了其他部门，而其中的原委，她至今还没弄清楚。

上述案例中的员工裴娜的身上有很多职场新人的特点：热情、积极，但有时把握不住分寸，喧宾夺主，最后还好心没办好事。

所以，掌握有关工作餐的礼仪就显得非常必要，要成功地筹办一次工作餐，就要掌握基本的工作餐礼仪。其中主要包括工作餐的安排、工作餐谁作东、工作餐的进行等。

在参加工作餐时，宾主双方都有一些需要通晓的注意事项。主要包括如下四条：

其一，举行一次工作餐，首先应当有需要解决的问题，并且要能够解决实际问题，不能无的放矢，将其等同于吹牛、聊天、发牢骚的无所事事的"神仙会"。漫无目的便提议举行工作餐聚会，会浪费有关各方无比宝贵的时间。一道吃一次工作餐的人大都胸中有数，意欲借此机会来达到自己的某种目的。假如毫无任何目的可言，那么工作餐便不称其为工作餐了。

通常发出提议的人就是东道主，东道主可以选择工作餐的时间、地点和目的。不过在做出具体选择时，最好考虑一下客人的习惯与偏好，并给予适当的照顾。如果有必要，东道主不妨同时向客人推荐几个自己中意的地点，请客人从中挑选，或是索性让客人自己提出几个地点，然后再由宾主双方共同商定。

一般来说，工作餐简单即可，不必刻意追求某种形式，不一定要很豪华、很奢侈才有"面子"。有时盲目地追求形式却忘了工作餐的真正目的，那就失去工作餐的意义了。在订餐时要结合自己的相关要求，例如，理想的用餐位置、用餐的时间、到场的人数、特殊要求、付费方式等，本着方便简洁的原则适可而止，千万不要刻意追求档次和形式。

其二，与宴会、会餐相比，工作餐仅求吃饱，而不刻意要求吃好。因此，工作餐上的菜肴大可不必过于丰盛。它的安排应以简单为要。只要菜肴清淡可口，并且大体上够吃，就算是基本"达标"了。当然了，在点菜的时候，主人不能"一意孤行"，最好还是适当考虑一下客人的饮食禁忌。此刻的可行之法是：每位用餐者各点一道菜，大家各点各的，或者统一选择套餐。

在一般情况下，营业性的餐馆都会有一些"特色菜"，荤素搭配好就可以构成一顿不错的工作餐，没有必要非吃山珍海味不可。为了不耽误工作，工作餐中最好不要喝太过浓烈的酒，以免影响下午的工作。如果贪图一时畅快喝得酩酊大醉，那就有失偏颇了。

其三，工作餐讲究的是办事与吃饭两不耽误。所以，在为时不长的进餐期间，宾主双方所要探讨的实质性问题，通常开始得宜早不宜晚。不要等到大家都吃饱喝足了，才正式开始交谈。那样一来，时间往往不太够用。

一般情况下，大家吃得差不多时，主人便可以暗示对方交谈能够开始了。此刻，主人说一声"针对某一件事，大家借机谈一谈吧"，便可作为交谈的正式开始。在点菜后上菜前的等待时间里也可正式开始交谈。

短短两个小时不但要解决午饭问题，更重要的是就某个问题达成一致，因此时间就显得很宝贵，因此交谈中最好不要节外生枝，偏离正题。有些人说起话来滔滔不绝，对于自己感兴趣的话题喜欢一吐为快，别人正在探讨商品的成本和利润，他可以扯到国际上的核危机，以及环境污染，甚至明星丑闻，尽是一些与主题毫不相干的话。另外，别人说话时，也要认真倾听，既不要中途打岔，也不要与旁人七嘴八舌的交谈，显得心不在焉。

除此之外，还得长点眼色，别在他人正吃饭的时候跟对方讨教问题，让对方说也不是，吃也不是。特别是吃饭的时候，不管你的观点多么精辟有力，都不要长篇大论，或者张牙舞爪，口水狂飞。

其四，工作餐是有严格的时间限制的，它不等同于其他宴会可以适当延长时间，依照常规，拟议的问题一旦谈妥，且在座的人都已吃饱喝足，工作餐即可告终，不一定非要拖至某一时间不可。

在一般情况下，问题解决后，或者用餐结束后，主人长时间沉默不语，或者反复看表，都是在提醒"用餐可以结束"的信号。特别是在别人还需要赶时间去忙别的事情时，工作餐更应该适可而止，掌握好时间，适时地宣告结束。当有人用餐尚未完毕，或是有人正在发表高论时，一般不宜提出终止用餐。在就餐期间不告而辞，或者在中途借故离去，也是对人不尊重。

......

自助餐礼仪：文明取食，优雅享受

自助餐，顾名思义就是自己随意享用餐点的一种方式，相比其他宴会，自助餐要随意得多。就餐的人可以自行选取食物，可以自由与他人组合用餐或者独自享用，当然了，自助餐不可能像其他宴会的菜品那么丰富，有荤有素，有冷有热，甚至东西南北特色菜一应俱全，自助餐大部分都是冷食，因此它也叫冷餐会。

怎样在自助餐上吃得既舒服又优雅呢？

周丽有一次代表公司出席一家外国商社的周年庆典活动。正式的庆典活动结束后，那家外国商社为全体来宾安排了丰盛的自助餐。尽管在此之前周丽还没有正式吃过自助餐，但是她在用餐开始之后发现其他人都非常随意，于是她也就"照葫芦画瓢"，像别人一样放松自己。

最让周丽开心的是，她在餐台上排队取菜时，竟然见到自己平时最爱吃的北极甜虾，于是，她毫不客气地给自己满满地盛了一大盘。她想：一次盛够，再跑几趟来取多不好啊！为了高效，她还给盘子里盛放了很多别的菜品，当她右手端着盛得满满当当的盘子，左手拿着快要溢出来的咖啡杯从众人旁边经过时，周围的人都用异样的眼神盯着她。事后一经打听，周丽才知道，那天她把公司的脸丢尽了。

的确，很多时候不是我们想的那样，不同的宴会形式必定会有不同的礼仪规范，不懂得相应的礼仪必然遭受异样的眼光，甚至被人耻笑。关于自助餐礼仪，有很多需要注意的地方。

一般来讲，自助餐礼仪需要注意以下几点：

1.按顺序排队

吃自助餐时，即使有让你流口水的菜也最好控制一下自己，排好队按顺序取菜。如果人们一窝蜂涌上去那就不是吃自助餐，而是争抢了。取菜前先准备好食品盘，轮到你的时候，用公用的餐具将食物放入自己的食盘之内，接着应该迅速离去。不要在繁多的食物前犹豫不决，让身后的人久等，更不应该挑挑拣拣，甚至直接用手或自己的餐具取菜。

2.按顺序取食

吃自助餐时常会遇到的一种情况是，很多人迫不及待地选择自己喜欢吃的菜品和饮料，结果大快朵颐之后才发现还有很多可口的菜品甜点，但自己却已经吃饱了，想吃也只能"望菜兴叹"了。所以吃自助餐时可先在全场转上一圈，了解一下大概的菜品和甜点以及饮料种类，然后再有选择地取菜。取菜也是有顺序的，依次为：冷菜、汤、热菜、点心、甜品和水果。如果是亲朋好友去享用可以随意自由一些，但出席正式的自助餐宴会，建议还是按顺序取菜，别因为行为失礼而被大家笑话。

3.记得关心同伴

对于和你有关系的同伴、同事或者朋友，可以及时给予关心，不能只顾自己一个人享用，让他人尴尬难堪。如果对方不熟悉自助餐，你可以简单扼要地进行介绍。在对方授意的前提下，你可以向其具体地提出一些选取菜肴的建议。这里需要提醒的是，推荐菜品千万不能热情过度，擅自去替对方取食物，更不能将自己不喜欢的食物或吃不了的食物"处理"给对方，这样都是很失礼的。在用餐过程中，对于其他不熟悉的用餐者，应当以礼相待，主动加以谦让，不能目中无人，蛮横无理。

4.多吃也要优雅

自助餐最大的优点就是可以多吃，能吃多少就吃多少，你可以不必担心饿肚子，但绝对不要浪费。吃到最后，如果你的面前杯盘狼藉，会被大家视为失礼。在享用食物的时候，最好遵循"多次少取"的原则，量力而行，不论是取一种菜还是取多种菜品，都要避免乱装一气，将各种菜肴盛在一起，否则会导致五花八门的食物互相串味，自己也失去了品尝的兴致。

5.陋习要禁止

有的人在学校时养成不好的就餐习惯，吃过饭后经常将餐具丢在食堂便"飘然离去"，这种习惯最好不要出现在自助餐上。用餐时，你想吃多少就吃多少，想吃什么就吃什么，但千万记得在吃饱喝足后，不能要求服务员将某个菜品打包给你带回家，更不能将残羹剩饭丢一桌。主动将餐具送到指定处，交给服务人员进行清洗处理才是文明之举。

要牢记，自助餐不但是一个人自由享用美食的方式，更是展示一个人礼仪修养的地方，吃得舒心更要吃得文明。一举一动间，我们都应该有分有寸、有礼有节。

······

酒桌上的礼仪：切莫忽略敬酒顺序

美惠和丹妮都是普通的白领职工，两个人不但是多年的老同学，丹妮还是美惠所在小组的组长。一个周末，丹妮邀请美惠带男朋友一起去KTV唱歌。一行十几个人聊得很开心，有人提议喝啤酒，丹妮带头同意。于是大家挨个敬酒，美惠因为身体不舒服没有喝酒，自然也就没有给丹妮敬酒。丹妮见美惠不敬酒很不高兴，期间就对美惠态度有些冷淡。在朋友的提醒下，美惠这才扭扭捏捏地端起酒杯，敬过所有人之后，她勉强喝了一杯。丹妮的脸色更难看了。那次之后，两个人的交往少了很多，友情也因此打了折扣。

不只是同学朋友之间聚会，职场上也难免会有应酬，应酬就少不了喝酒。特别是对女人而言，酒桌更是一个"危险"的场所，不喝不行，喝多了就难免尴尬——谁都知道一个醉酒的女人有多丑。对于初涉职场的年轻人来说，酒桌上遭遇尴尬是常有的事，除了酒量有限以外，很多尴尬情况是因为不懂得敬酒礼仪而引起的。要避免这样的尴尬和不爽，熟知酒桌"潜规则"是你的必修课。

在谈敬酒礼仪之前，先说说喝酒。不得不说很多人不会"喝酒"，不懂得喝酒最起码的规矩。一般来说，宴会中喝酒都会有人率先提议，提议的人可以是主人、主宾，也可以是在场的每一个人。有人提议干杯时，大家应起身站立，右手端起酒杯，再以左手托扶杯底，面带微笑，目视其他人特别是自己的祝酒对象，嘴里同时说着祝福的话。将酒杯举到眼睛的高度，说完"干杯"后，将酒一饮而尽或喝适量。然后，还要手拿酒杯与提议者对视一下。

干杯前，你可以象征性地和对方碰一下酒杯，为表示谦虚，一般碰杯的时候，职位低的人或者年轻人都会让自己的酒杯低于对方的酒杯，表示你对对方的尊敬。如果桌子大或者距离较远，你可以用酒杯杯底轻碰桌面，以此代表和对方碰杯。

关于敬酒礼仪，什么时候敬酒，是个需要注意的问题。很多人坐在宴席中，自始至终都找不到机会给别人敬酒，他想敬酒的时候，不是有别人在敬酒就是对方在用餐，要么就是说话或者干别的事情，导致他总是没有机会。其实，敬酒没有严格的时间限制，用餐开始后你就可以找机会敬酒，比如，在对方方便的时候。当对方没有向其他人敬酒，也没在用餐时，可以向其敬酒。而且，如果向同一个人敬酒，应该等身份比自己高的人敬过之后再敬。抢在领导敬酒之前先去敬酒是非常不礼貌的行为。

按照什么样的顺序敬酒是很多刚开始参与应酬的人常常感到头疼的事。一般情况下，敬酒应按年龄大小、职位高低、宾主身份为序，敬酒前一定要充分考虑好敬酒的顺序，明确主次，避免出现尴尬的情况。即使你不了解对方的职位、身份，也要按统一的顺序敬酒。比如，先从自己身边按顺时针方向开始敬酒，或是从左到右、从右到左进行敬酒等。即使和不熟悉的人在一起喝酒，也建议你先打听一下对方的身份或是留意别人对他的称号，避免出现尴尬的局面或伤感情。如果你有求于席上的某位客人，对他自然要倍加恭敬。但如果在场有更高身份或年长的人，也要先给长者敬酒，不然会有失礼仪。

宋佳有一次和经理出去吃饭，席间有客户，还有一些宋佳不认识的人。宋佳目标明确，除了敬经理就是敬客户，她并不知道，周围坐的几个人才是他们的"财神爷"。那几位上级主管部门的领导看到宋佳左一杯右一杯地敬酒，就是不敬他们，便有些不高兴，经理频频向她使眼色，她却不为所动。最后害得经理一个劲儿地打圆场。即便如此，还是没能让几位领导高兴，气得经理回去对宋佳一顿狠批，宋佳委屈得眼泪直流，但她依然没明白自己做错了什么。

有时候席间的客人身份、职位比较复杂，很多职场新人疲于应付，认为按年龄敬酒应该是一个顺序，按职位敬酒又是另一个顺序，左右为难，不知道该怎么敬好。这个时候就要区分清楚了，如果是私人聚会，可以按照年龄来敬，如果是商务应酬，则一定要按照职位高低来依次敬酒。

敬酒的时候还要特别注意，无论是敬的一方还是接受的一方，都要注意因地制宜、入乡随俗。特别是在东北、内蒙古等北方地区，敬酒的时候往往讲究"端起即干"。在他们看来，这种方式才能表达诚意、敬意。所以，在具体的应对上就应注意，自己酒量欠佳应该事先诚恳说明，不要看似豪爽地端着酒去敬对方，而对方一口干了，你却只是"意思意思"，这往往会引起对方的不快。另外，对于敬酒的人来说，如果对方确实酒量不济，没有必要去强求。喝酒的最高境界应该是"喝好"，而不是"喝倒"。同时，如果因为生活习惯或健康等原因不适合饮酒，也可以委托亲友、部下、晚辈代喝或者以饮料、茶水代替。作为敬酒人，应充分体谅对方，在对方请人代酒或用饮料代替时，不要非让对方喝酒，也不应该好奇地"打破砂锅问到底"。要知道，别人没主动说明原因就表示对方认为这是他的隐私。

最后提醒各位，在你向别人敬酒或者有人向你敬酒的时候，应该停止用餐或者喝酒，等嘴里的食物咀嚼完咽下之后，再做好喝酒的准备。按国际通行的做法，敬酒不一定要喝干。但在敬酒的时候别忘记站起来，说一两句祝酒词，比如，"各位，为了以后我们的合作愉快，干杯！"这可以作为烘托气氛的点缀，更是联络感情、扩建人脉的大好时机！

......

结账礼仪：尽量别让客人知道金额

买单一般是这样的。

情境一：

很多人在一起吃饭，吃完饭后大家争相买单，有时候甚至要争抢很长时间，服务员在一旁不知道该接谁的钱才好。还有的人趁去洗手间的机会就偷偷地买了单，其热情豪爽和友谊之情实在令人感动，但是不能每次都因为动作快、声音响、力气大的人抢先了就永远让对方买单，这样次数多了就会给人小气爱占便宜的印象。

《货殖札记》一书，把"买单文化"淋漓尽致地表现了出来。书中写道：某个头面人物刚一迈进茶馆，茶馆里登时乱成一团："这儿给了""算我的"，抢着结账的声音此起彼伏，攥着钱的胳膊森森然举成一片。这个时候，堂倌遵循的原则共四条：一曰收富不收穷，这个不用多说。二曰收生不收熟，熟客的利益要照顾。三曰收小不收大，即小钞不用找补。再说，挥舞百元大钞满茶馆喊着要替别人付买碗茶的钱，做秀成分居多，你真收了他的钱，他多半心里会恼。最后一条就是，收真不收假。

我们说，礼仪是人和人交往时为了让大家都愉悦而定下的规矩。在和人交往时，要尊重对方，让对方舒服，不给对方造成麻烦，这是最基本的要求。如果因为一顿饭争抢，并且总把金额挂在嘴边，那么一顿饭下来，众人的关系也多少会有些影响。

情境二：

宴会结束之后，主人朗声喊道："服务员，买单！"服务员查询后过来当着众多客人的面说道："您好，本次您一共消费了2328元。"主人会看也不看服务员递过来的消费单，直接打开钱夹，点清钞票后交到服务员手里。在座的客人于是心知肚明：哦，这顿饭吃得不错呀，花了两千多块钱哪！于是主人的面子和客人的满意都纷纷体现了出来。

有的人结账时不看账单，这是"习惯性"的行为，除非觉得金额和自己预期的相差太多，才会"不好意思"地拿过账单看一看。之所以不好意思，是认为一一查对菜名、金额，显得有些锱铢必较，更可能会被在座的客人讥笑为"小气"。

事实上，结账不看，这样做对吗？

当然不对！

在国外，特别是在欧美人的习惯中，餐罢结账时是一定要看账单的。不但要看，还要看得非常仔细，他得清楚他的每一分钱是否都真正在菜品中得到兑现，总金额是不是有误，等确定之后，才掏钱或者用卡付账。在付账的时候，他们往往都是把钱放在结账的夹子里，再用账单将钱盖住。目的是为了不让客人知道所付的金额，以免引起对方的尴尬。这样做的时候，服务员和客人将这一举动视为理所当然，并不会认为是小气或者没有面子的事。

买单自然不提倡故意让客人知道金额，为此你可以有多种方式选择。

如果你做东，那么与朋友客户敲定聚会时就提前说清楚这餐由你请。同时你还可以选择去一些自己比较熟的餐厅，选择自己比较信赖的地方，可以在到达餐厅时就先告知服务员，结账时用你的信用卡买单，所以不管结账时朋友多么客气地想抢着付你手里的账单，服务员也只会从你的手里拿信用卡去结账。

还有另外一种方式，你可以预先点好菜及饮料，但是要记住避免点他人忌口的食物，预先结好账，等客人到齐了就开始上菜。不过这个方式的确有点危险，万一某些朋友临时来不了，可能会浪费食物。所以当天吃饭前一定要再次与客人联系提醒他们出席，确定人数后再决定菜品数量也不迟。

请客吃饭，一些商务会所也是不错的选择，你可以联系朋友或者客户去你所属的会所，在会所里请客，客人是无法买单的，因为需要会员自己签单。如果你需要应酬比较正式的商务活动，会所是一个不错的选择。

　　餐后买单时的表现可以体现出一个人的礼貌修养，掌握一些买单的窍门，无论是买单的人还是被请客的人，都能感到心情愉快。总而言之，在餐厅用完餐后，如服务人员送来账单，请客的人最好能够像绅士那样，用账单盖住钱付款，客人不看账单，不问付账的金额，这才是餐桌上的得体表现。

第九章

商务形象：善解人意，随机应变

......

　　很多职场人能够受客户欢迎，赢得客户的信赖，不在于他们有什么为人处世的秘诀，而是因为他们能想客户所想，急客户所急，能够满足客户的需要，因此常给客户留下善解人意的商务形象。

......

"踢掉"商务应酬中的"绊脚石"

很多人都想成为社交场上的高手，希望自己能在各种应酬中从容不迫，洒脱大度。但人无完人，交际场合中总会出现一些突发状况，谁都有可能不小心犯一点小错误，制造出一些尴尬场面，如念错了字、说了一句外行话、记错了对方的职务等。这样的场面自然谁都不愿意遇到，但是如果已经发生，懂得规避和化解尴尬的技巧就显得尤为重要，如果你能够在关键时刻灵活应变、巧言妙语，那么就很可能化被动为主动，最终"柳暗花明又一村"，而要想创造这种奇迹就必须变换思维方式。

年关之际，小王代替公司给诸多客户送礼。礼物包装盒大都一致，只是里面的东西不一样。她一个礼拜跑下来非常辛苦。好不容易送完了礼物，刚打算休息一下，谁知道客户的电话就打过来了。原因是小王把原本送给另一位领导的礼物送给了那位客户。那位客户正重病缠身在医院住院，收到小王道喜的礼物让他非常生气，病情雪上加霜。经理知情后痛批了小王一顿，并要求她自己善后。小王很快冷静下来，将电话打到那个客户那里，声称自己得知客户的病情稳定，有望不日出院，于是提前将一份厚礼送到家里，盼望他康复后愉快享用。一番解释之后，客户终于消了气，两个人从此成了好朋友。

小王所采用的化解尴尬的方法就是将错就错，并起到了很好的效果。利与不利，看起来是互相对立的，但只要能够找准关键点，将不利化为有利并非没有可能。还有一次，刚上班不久的小王向客户介绍自己的老板时，不小心口误，将老板的名字读错了，她发现后立即补充道："我们公司的领导从来不摆架子，在这个公司，除了领导的名字什么都不许错。"紧张的气氛一下子便缓解了。

卡耐基说过：成功人士之所以能成功，有15%是由于他的专业知识和技能，另外85%则是靠他的人际关系和处世技巧取得的，而技巧的实施很大一部分在于一个人的思维模式。蒙牛集团的董事长牛根生曾经说过："要想知道，打个颠倒。"说的就是反向思维，换句话讲，叫换位思考。皇明太阳能的董事长黄鸣曾经说过：正向思维，反向结果。意思就是说如果顺着正常思维去做事的话，往往会收到相反的结果。改变传统的思维模式，除了上述的方式之外，还有一种方式可供大家借鉴。

众所周知，在交际场上与人意见不合是较常出现的一种情况，因为每个人的心中都有自己的想法。问题的关键是，每个人都极力地想让别人同意自己的观点，一旦不能达成，不仅影响自己的心情，同时也会影响彼此之间友好的关系。因此，掌握一套说服他人的技巧很重要。说服别人不是一件简单的事情，需要高超的技巧，忽略了这一点，便很难取得成功。当然，说服别人的前提是你的观点必须是正确的。倘若你的观点本身就不正确，那么想要说服他人就更难了。

俗话说得好："事实胜于雄辩。"事实的说服力是无可取代的，因此当言语的效果不能令人满意时，不妨多举一些事例。当然，这需要说服者具有敏锐的思维、独到的眼光、多角度分析和诚恳亲切的态度，才能在短时间内迅速地打动对方。另外，在说话的时候，千万不要采用命令的口气，谁都不喜欢被人命令，人们喜欢温婉而理解的语气，因此换个对方更容易接受的方式沟通交谈，会促成事情朝着积极的一面发展。否则，一言不慎，全盘皆输。

有这样一个小故事。

当餐厅的侍者为客人端上一杯啤酒时，客人却发现啤酒里有一只苍蝇，不同国家的人会做出什么样的反应呢？

英国人会不动声色并且很有风度地吩咐侍者："请再给我换一杯啤酒。"

日本人命令侍者将餐厅的经理叫过来，并训斥道："难道你们就是这样做生意招待客人的吗？"

中国人最含蓄，他们把自己的想法写进了餐厅的意见簿中。

沙特阿拉伯人很强悍，他们把侍者叫过来，然后将啤酒递给他，说道："来，这杯我请你喝！"

美国人最幽默，他们说："麻烦你以后把啤酒和苍蝇分开放，让喜欢苍蝇的客人自己添加，怎么样？"

当然，这个故事是虚构的，却充分地反映出了一个事实：幽默往往比批评更能达到说服的效果。有时候在商务应酬时遇到尴尬或者冷场的情形，这个时候不要先去接受这样的负面结果，而是换个角度去化解。对于一些刚入职场的年轻人来说，一定要学会幽默。当然，会幽默是必要前提，如果幽默不得当，倘若别人误以为你的幽默是一种取笑或讥讽，那就更糟了。这里就要注意，幽默必须以赞扬和友善为前提。

对方身上的优点及可取之处一定要先看到，这样能够让对方感觉到你的真诚，也更容易对你敞开心扉。如某人犯了错，可以这样和他说："其实大家一直都觉得你这个人很负责任，但这次你却有点考虑不周，你觉得呢？"

如果事与愿违，好心最后办了坏事，或者事情的结果和你的初衷相悖，那么双方无疑会因此而关系僵持甚至关系破裂，此时可以和对方做出积极大胆的假设："这次的结局似乎并不太好，可能我们双方都有做的不妥的地方，依你看，到底有哪些方面的原因呢?"通常情况下，这样的说法都能够让双方快速地认识到自己的错误，同时也容易让大家接受这个结果，并努力去挽回不好的局面。

......

自曝"隐秘"，拉近与客户距离的妙招

人的心理可以分为三个部分：一个是可以让别人觉察到的部分，即自己知道、别人也知道的层面，叫作"透明区"；一个是不能让别人发现的层面，即自己知道而别人不知道的部分，叫作"隐匿区"；还有一个是自己不知道而别人可能知道也可能不知道的部分，被称为"潜在区"。研究发现，这三个区域在一个人的心理总量中所占的比例很大程度上决定了他在生活中产生幸福感的能力。健康的心理，透明区应该最大，隐匿区较小，潜在区最小。适当地自我暴露可以让你成为一个受欢迎的人，这是美国社会心理学家西迪尼·朱亚德通过一系列实践得出的结论。

所谓"自我暴露"，就是把自己隐秘的方面显示给他人或者把有关自我的内层信息传递给对方，让别人最大限度地了解自己。在现实生活中，善于自我暴露的人是自信的，有时把自我向别人紧紧封闭，本身就是一种示弱。

良好的人际关系是在自我暴露逐渐增加的过程中发展起来的。随着信任程度和接纳程度的提高，交往的双方会越来越多地暴露自己。因此，自

我暴露的广度和深度是人际关系深度的一个敏感"探测器"。

提倡"自我暴露",并不是让你不看对象、不分场合、不问情由地胡乱暴露一通。"自我暴露"要遵循相互性原则,根据对方的特点而采取相应的对策。

工作人员与客户之间的关系,近不得远不得。太过一本正经显得古板,太热情又有巴结奉承之嫌,对于职场新人来说,这的确是一个很难把握的度。适当地自曝隐私便是一个拉近与客户关系的妙招,但要注意,运用这种方法一定要适度。

首先,要改变观念,消除"隐私"的隐私性。每一个人都会有隐私,但有些所谓的"隐私"根本不必去掩盖,如兴趣、爱好等,只要对方感兴趣,都可以说出来与之分享。销售人员和客户之间的关系首先是工作关系,这种关系的建立更多的是从陌生到逐渐熟悉,逐渐消除戒备,开始尝试接纳对方,这无疑是良好商务活动的开始。

其次,尝试自我暴露。这样做自然是面对有合作意向的客户,对于没有合作意向或者没有合作把握的客户,并不提倡这样做。一般情况下,有合作意向的客户大都与之接触过几次,彼此已经从陌生人变得有所了解,这时双方的关系处于工作和朋友之间的模糊地带,如果你能够拿出勇气,说出你的"隐秘",坦然地"暴露自己",也许你会心跳加快,出一头冷汗,也许你会尴尬、难堪。但是,一旦与对方坦诚相见之后,你会觉得异常轻松,会觉得如释重负,对方也会因为知道了你的"隐秘"而更加了解你,这对进一步促成你们之间的合作能起到一定的推动作用,或许对方会因此而对你表示理解和尊重,甚至作为对你的信赖和回报说出自己的一些"秘密"。当对方这样做的时候,其实已经意味着关系更近了。

最后,培养对客户的信任。一个人不愿与朋友走得太近,不敢向朋友吐露"隐秘",往往是因为缺乏安全感,防范意识过强,难以建立对别人的信任。一个人的发展离不开社会,一个人的职场前景离不开客户的支持，因此培养自己的人脉圈子，不但有利于建立良好的合作氛围，也有利于使你更加自信和有安全感，同时减弱防范心理，增强对客户的信任，从而走出自我封闭的困境。

开门未必一定要见山，一见面就谈工作的事，可能会让客户反感。不如找一个环境幽雅的地方，双方都适度放松，暂时抛开主题，先谈一谈共同的话题，或一些繁杂琐事，甚至将一些无关紧要的"隐私"谈谈也无妨，也许不经意的无心之举会与对方产生心灵共鸣。肯尼迪在竞选总统时，曾经轻描淡写地说："紧接着，我还要告诉各位一句话，我和我的妻子虽然赢得了选战，但我们希望能再生个孩子。"连总统都可以如此，何况你我呢！

......

找出与客户的共同爱好

若水在台湾做销售的时候，一家很大的银行一直从若水的竞争对手那里大量采购货物。若水想了很多办法，这个客户一直无动于衷。几乎每隔一段时间，若水便用各种借口来见这个客户。有时送新的样品给客户看，有时请客户参加商务活动。但客户的态度一直没有改变，每次与若水见面的时间都很短。客户总认为没有必要更改供应商。

终于有一次，若水赶在正好下班的时候拜访了这个客户，见客户的手里正摆弄着一个流行的玩具。于是若水就从这个玩具开始和客户攀谈，结果发现两个人的孩子都差不多大。两个人越谈越投机，从幼儿玩具谈到幼儿园，一直谈到银行的大门口。后来。若水向对方推荐了一种新型的玩具，并告诉客户在哪里买。最后若水说："小孩子玩玩具都不会玩很久，因为他们知道总会有更新的和更好玩的玩具上市。其实产品也一样，需要不断地更换尝试……"

第二周，若水就接到客户的电话，说自己的孩子很喜欢若水推荐的新玩具，并请若水来银行介绍一下产品和服务，客户说："跟孩子玩玩具一样，我们一直都使用一个厂家的产品，也许是应该换换了……"

在这个故事里，起到关键性转折作用的居然是一个小孩玩具，但这个玩具的确是双方共同的兴趣点。同时，若水又巧妙地用孩子的玩具影射自己的产品，客户这才开始真正地考虑和听取若水的观点。

多谈及客户的兴趣和爱好可以拉近与客户之间的距离。找到与顾客的兴趣点，并将其与自己的谈论目的联系起来，就可能为企业创造出无限的商机。从另一个角度来讲，所谓产品和客户之间共同的兴趣点，实际上也是人和人之间的共同兴趣点。人与人之间存在某些共同点，例如，共同的爱好、共同的生活环境、共同的工作性质、共同的生活习惯等。只有足够了解对方的相关信息，才能找到与客户之间的相似点，让客户对你产生亲切感，从而拉近彼此的距离。

那么，如何才能发现与客户的共同点呢？你需要做好下面的工作：

1.提前研究客户的喜好，首先从他们感兴趣的话题出发，然后有意识地引到沟通的主题上来。

所谈论的话题要让客户或双方都感兴趣，愿意花时间在一起谈下去。双方都要有展开探讨的余地，便于谈论，并且在适当的时候能够转到主要话题上来。

2.共同点应比较自然，不能牵强。共同点必须有实在的内容可谈，不能蜻蜓点水。

3.在双方距离拉近后，及时回到业务主题上，趁热打铁达成共识。

4.平时注意培养自己多方面的爱好和兴趣，也可以根据客户喜好临时学习某些知识，不打无准备之仗。

5.使自己对客户的需求或其关注的问题产生浓厚兴趣，在整个沟通过程中要表现得积极热情，以感染客户的情绪。

客户一般情况下是不会马上就对你的产品或企业产生兴趣的，这需要你在最短时间之内用最有效的方法找到客户感兴趣的话题，然后再伺机引出自己的真实谈话目的。你可以从客户的工作、孩子和家庭以及重大新闻时事等谈起，以此活跃沟通气氛，增加客户对你的好感。比如：

1.提起客户的主要爱好，如体育运动、娱乐休闲等。

2.谈论客户的工作，如客户在工作上曾经取得的成就或将来的美好前途等。

3.谈论时事新闻，养成每天看新闻的习惯，与客户沟通时可以就最近发生的重大新闻拿来与客户谈论。

4.询问客户的孩子或父母的信息，如孩子几岁了、上学的情况、父母的身体是否健康等。

5.谈论时下大众比较关心的焦点问题，如房子是否涨价、如何节约能源等。

6.和客户一起怀旧，如提起客户的故乡或者最令对方回味的往事等。

7.谈论客户的身体状况，如提醒客户注意自己和家人身体的保养等。

对于客户十分感兴趣的话题，需要你通过巧妙的询问和认真的观察与分析进行了解，然后引出对方感兴趣的话题。在寻找客户感兴趣的话题时，要特别注意一点：要想使客户对某种话题感兴趣，你最好对这种话题同样感兴趣。因为整个沟通过程必须有所互动，否则就无法实现具体的销售目标。如果只有客户一方对某个话题感兴趣，而你却表现得兴味索然，或者明明内心排斥却故意表现出喜欢的样子，那客户的谈话热情和积极性马上就会冷却，这将很难取得良好的沟通效果。

……

利用优势互补，寻求合作之道

心理学家做过这样一个经典的实验。实验者让参与实验的人两两结合，要求他们各自在纸上写下自己希望得到的钱数，但是互相不能商量。如果两个人的钱数相加刚好等于100或者小于100，那两个人就可以得到自己写在纸上的钱数；如果两个人的钱数之和大于100，如120，那两个人就要各自付给心理学家60元。

结果发现，没有任何一组实验对象写下的钱数之和小于100，所以，他们都得付钱给实验者。不难看出，竞争是人类的天性。在社会心理学中，这种以竞争为先的现象被叫作"竞争优势效应"。竞争是人与生俱来的一种天性，通常人都希望自己比别人强，因此，在面对利益冲突的时候，人们通常会选择竞争，即便是两败俱伤也在所不惜。就算双方有着共同的利益，人们也往往会优先选择竞争，而不是选择"合作""共赢"。

现代社会，竞争异常激烈。的确，有竞争才有发展，但是，很多人常常犯一个错误，那就是将竞争绝对化，不懂得将竞争与合作结合起来。如果头脑中只存在"竞争"二字，那就很难真正取得进步，并使自己陷入孤军奋战的困境之中。人生毕竟不是独角戏，合作与竞争同样重要。

我们在生活中时常会发现这样的现象：口若悬河的人和沉默寡言的人成了亲密的朋友；脾气暴虐的人容易与温顺柔和的人和睦相处；当机立断的人对优柔寡断的人反而有更大的吸引力；大大咧咧的人反而与谨小慎微的人成了莫逆之交。特别在恋人和夫妻之间，这种一阴一阳、一刚一柔的互补性表现得更为明显。男人的威武雄壮，可以让女人感觉很安全；女人的温柔细腻，可以让男人感觉体贴。此外，有些性情相异的男女也会因为性格互补而走到一起。支配型的人往往和服从型的人成为秦晋之好；热情健谈的人与忧郁沉静的人坠入爱河；脾气暴躁的人与稳重恬静的人举案齐眉。这些案例都无不说明了"互补定律"的独特魅力。

心理学大师杨格认为，每个人都具有"显性"与"隐性"（或称"影子"）两种不同的人格。也就是说，一个很活泼的人实际潜藏着很安静的一面，而一个很安静的人，很可能在另一种陌生环境下，变得躁动不安。因此，当遇见一位具有自己"影子人格"的人时，我们心中常会有欢喜雀跃的感觉，因为对方显示出了自己所缺乏（或已被压抑）的人格特质。比如，一个沉默的人遇到一个活泼的人，犹如他的"影子人格"受到了阳光的感召，整个人也会变得活泼开朗起来。

这种互补性主要分为两种情况。一种是需要的互补，即交往中的一方能够满足对方的某种需要，弥补某方面的短处，那么他就能对对方产生较强的吸引力。比如说，一个人如果打算经营一个企业，那么他一般会选择与拥有自己所缺乏的才干和能力的人合作。两人正好能取长补短，各得其所，有利于事业的发展。比尔·盖茨原来自己经营着微软公司，后来逐渐发现自己在经营管理方面有些力不从心，而且他自己真正的兴趣是在软件开发上。于是，他找到了自己的大学同学鲍尔默，希望他能出任微软的CEO，专门负责公司的运营管理。鲍尔默恰恰是个管理的天才，对管理工作充满热情与自信。正是如此，比尔·盖茨与鲍尔默之间形成了很好的互补，共同缔造了微软帝国的神话。

互补的另一种情形是理想与性格上的互补，即别人某一方面的特长满足了你的理想，从而增加了你对他的喜爱程度。比如，一个看重学历的人，偏偏失去了接受高等教育的机会，于是他会想方设法地结交一些高学历的朋友，以此来弥补自己遗憾。

此外，不同性格的人也会产生互补，并建立融洽的人际关系。比如，关怀型与依赖型、急躁型与耐心型、倔强型与柔顺型、阳刚型与阴柔型、外向型与内向型等不同性格的人容易相处。不论是哪一种形式的互补，在商务应酬中都可能会发生积极的作用，对于促成双方合作，积累人脉关系发挥不可估量的作用。

在商务应酬中，各种特质的人才能形成相互补充的关系，包括才能互补、知识互补、性格互补、年龄互补和综合互补。一个好的团队，一个优质的合作关系需要有一个比较合理的人才结构，有利于保持合作的持久性和优质性。如果工作中的每个人各方面都类似，各行其是，工作反而无法做好。例如，全是急性子的人在一起，就容易发生争吵矛盾；全是慢性子的人在一起就可能影响项目进度……

发现对方的性格并主动和自己进行优势互补，才能一起走得更好更远。有一句话说得好：要想走得快就一个人走，要想走得远就一起走，这就是优势互补的作用！

赢得客户好感的捷径

工作、生活中，我们常常可以发现，有一部分人很有人缘，做事情如鱼得水，似乎无所不能，无所不会，三言两语就可以和陌生人称兄道弟，沟通几次之后一桩买卖就谈成了。你问他有什么秘籍时，他总是无辜地摊开手："没办法，我就是这么招人喜欢。"真的是这样吗？为什么有的人会那么招人喜欢？原因就在于这种人熟练地掌握了人与人之间相互吸引的"秘密"。

心理学研究表明，通常我们喜欢的人，是那些也喜欢我们的人。他不一定很漂亮、很聪明，或者很有社会地位，但人们就是发自内心地对其产生好感。不难理解，我们都喜欢和自己喜欢的人打交道，而在我们喜欢的人身上多少都有自己的影子。有些人很善于利用这个心理定律赢得别人的好感。那就是，为了得到别人的认可，就表现出喜欢对方的样子。打个比方，我们去商场去买东西，看上一件漂亮的大衣，实际上售货员与我们并不认识，但为了达到销售的目的，售货员会一边夸你皮肤好、气质好，一边鼓励你去试穿，当你穿出来站在试衣镜前，她会进一步和你套近乎，甚至会让你觉得，如果穿上这件大衣，你的人生将从此改变，如果不买的话，你很可能会抱憾终生！

其实，利用好人的这种心理，在社交场合中很具有实用价值，这是赢得别人好感的捷径。在与人交往时，你可以表现出对别人的兴趣，表明对对方的好感，如此就很容易赢得对方同样的情感回报。特别是在商务活动中，恰到好处的运用相互吸引的定律，不但可以促成商务合作，而且可以使你在收获黄金"人脉"的同时走上人生巅峰。

陈彤在拜见客户黄经理时特地穿上一件藏蓝色的风衣，搭配了一条色彩鲜艳的丝巾，优雅大方的装束让她显得美丽而干练。不到两个小时，事情顺利谈妥，陈彤为公司拿到了一宗大单子。

谈判成功的秘籍很简单，有一次陈彤在黄经理的空间日记里看到一篇文章，那是黄经理在新疆工作时的经历，文章的最后是黄经理和一位女性的合影，那位女性就穿了这样一种颜色的风衣。文章还透露了黄经理是一位军事爱好者，特别是航空母舰，更是他的最爱，为此陈彤花力气阅读了大量的关于航空母舰的资料。因此两人从一则新闻开始，竟畅谈了数个小时。陈彤不时赞扬黄经理的博学和高见，惹得对方一阵开怀大笑。

黄经理为什么喜欢陈彤呢？因为陈彤不但以良好的形象引起了对方的注意，同时还使他受尊重的需要得到了极大的满足。

人多多少少有一些自恋的情绪，那些相互吸引的人都给予了对方肯定、赏识，把积极的正能量的信息传递给对方，以表明自己对对方是有价值的。这种心理，在某种程度上，也和人们缺乏自信有关。

一个人如果较为自信，那么对于别人表现出来的喜欢和赞扬，就不会受到太大的影响。而一些不太自信的人，往往不喜欢那些给他们否定性评价的人，因为自己已经极不自信，特别需要别人的肯定，也特别看重别人对自己表现出的好感。

没有人是特别自信的，大多数人都需要别人对自己的肯定。商务活动中，特别是销售和客户之间，原本不认识的两个人要促成合作甚至长期交往，其中一个重要的因素就是彼此相互吸引。客户对于对方销售的产品表现出极大的热情，或者销售对客户给予了积极有效的建议，如果其中一方表现出冷漠那么合作很可能会因此而流产。

所以，在商务活动中，一定要争取赢得客户的好感，无论是个人还是产品，以及公司的前景优势等，都是引起对方好感的因素，要千方百计地调动起对方的好奇心，使之产生兴趣。就像在商场买衣服，如果不是想卖出衣服，售货员不会对你赞不绝口。所以，在商务活动中，有时我们会因为工作需要去喜欢一个自己并不喜欢的人，有时你并无好感的客户却对你的产品表现出浓厚的兴趣。

我们只能说人有一种很强的倾向性，在其他一切条件都相同的情况下，我们常常会不自觉地喜欢那些喜欢我们的人，即使他们的价值观、人生观都与我们不同。如果你能把握好这一点，那么在商务活动中，你就赢了第一步！

……

换位思考，设身处地理解客户

换位思考是人与人之间的一种心理体验。它客观上要求我们将自己的内心世界与对方联系起来，站在对方的立场上体验和思考问题，从而与对方在情感上进行沟通，为增进理解奠定基础。它的实质是对交往对象的切身关怀，深入对方的内心世界。它是一种理解，也是一种关爱。

城市中电梯已经成为必不可少的工具，很多人常常发现电梯里装有镜子，关于电梯里镜子的作用人们的回答五花八门。有人说是为了方便大家整理仪容，有人说是为了扩展电梯空间等。只有极少数的人能说出正确答案：为了方便残疾人。

因为残疾人坐着轮椅进电梯后，不便于转过去看电梯到了几楼，但如果有那么一面镜子，他们就可以很方便地看到电梯所到的楼层，到时候退出电梯即可。

生活中，人们总是习惯站在自己的角度考虑问题，很少站在别人的角度去思考问题，就像上面的那个问题一样，之所以会有那么多人想不到电梯中镜子的作用，就是因为自己是健康的人，所以习惯从自己的角度去猜测工程师安装镜子的初衷，而忽略了另一个群体更需要人们的帮助。

对于职场中的商务活动而言，客户就是上帝，如果客户不接受你，就意味着你的商务社交是失败的。而要想让客户接受你，就必须了解客户的需求与喜好，并设身处地地为客户着想，了解客户对你的期待。想要做到这一点，首先就要改变自己的思维方式。

通常情况下，我们面对客户会想一个问题：怎样让他买你的产品？但其实这个问题并不是客户关心的重点，客户更需要知道的是产品的质量好不好、价格合不合理、售后服务完善不完善。既然各有所想，双方就永远找不到沟通的突破口。所以常常是，你跑断了腿、磨破了嘴皮，客户也丝毫不动摇。那么，不如换一个角度，如果你是客户，那么你的需求是什么？

每一个职场人都要养成分析客户需求的习惯，没有分析就无法了解客户的需求，更谈不上满足对方的需求。例如，一个人肚子饿了就应该让他吃饭，而不是让他喝水，因为喝水并不能满足他填饱肚子的需要。然后，再明确分析这个人是喜欢米饭还是喜欢面条，喜欢清淡口味还是咸辣口味。这正如进行商务活动，只有事先知道客户的需求，并具体分析客户的喜好、习惯，才能满足客户的需求，并使客户真正满意，最后赢得客户。

在你需要去达成一个商务目的的时候，应该习惯性地与客户互换立场，把自己当别人，然后再思考。你要清楚地知道客户喜欢什么，有什么想法、需求。其实，不仅仅是客户，你可以将身边的亲戚朋友当成你的客户，先试着问他们有什么样的需求。朋友的意见、看法，可能有时候并不是很专业，但是，你应该想想，他为什么说这样的话，为什么有这样的想法，为什么有这样的反应。所以，换位思考，练习与客户互换立场，设身处地为客户着想，并在练习后，向对方询问正确答案，就能提升你察言观色的能力，最终不断深入客户的心里，越来越懂得客户的需求。

客户的需求并不仅仅是产品或者一次单纯的合作，他们也需要被尊重，被赞美，被关怀。当客户与你交谈的时候，可能因为不自信而需要被赞美，可能因为压力太大需要被开导、解压，也可能需要你专业的意见来增长自己的见识，希望得到你具有创造性的建议。

很多职场前辈能够受客户欢迎，赢得客户的信赖，不是他们有什么秘诀，而是因为他们能想客户所想，急客户所急，客户所能想到的他们都想得到，从而能满足客户的需要，工作有效率的人不但珍惜自己的时间，同样重视客户的宝贵时间。当客户对产品表现出兴趣的时候，他会迅速而准确地以专业的角度提供给客户参考意见，与这样的人合作，客户不但没有负担，沟通也轻松愉快，一单生意就会变成长期合作，甚至收获长久的友谊。

这里需要明确一点，你是问题的解决者，而不是问题的制造者，只有解决了客户的问题，你才能成为客户的知音，即使这一次没能与客户合作，只要赢得了客户的信赖，那么下一次合作、下下一次合作，就都是胜券在握的事情了。

　　有人说世界上最长的距离是从客户的口袋到销售人员的口袋。其实，这段距离并不遥远，只是我们人为地把距离拉远了：因为我们常常只把焦点放在客户口袋中的钱，而忽略了客户的真正需求和关心的重点。了解了客户的真实需求，那么合作便很容易达成。

第十章

领导形象："恩威"并施，构建你的魅力

......

　　要成为合格的领导者，除了要在外表上包装自己，还要注重魅力的修炼，使自己具有自律、宽容、诚信等良好的品行。如此，才能树立起良好的领导者形象。

......

树立好的领导形象

要想成为领导者，就要具有鲜明的领导者形象。斯大林的气魄、克林顿的神采，这些都属于内在的气质；林肯诚恳而忠实的脸，艾森豪威尔宽厚的笑容，这些属于形态方面。

在2004年的美国大选中，共和党总统候选人布什四年之后再次胜出，民主党人自然而然地陷入了痛苦的自我反省中。民主党人认识到自己之所以失败是因为己方候选人克里没有前民主党候选人克林顿身上的那种领袖魅力，因此必须尽快寻找出克林顿式的人物，四年之后再与共和党较量。

还有专家认为，克里失利的重要原因在于缺少个人风格，并说："约翰·克里根本不像比尔·克林顿。他身上的亲和力太少，人们不太喜欢他。一位具有个人亲和力的温和的民主党候选人肯定能轻松战胜布什。"此外，"他过于自由主义，在堕胎、同性恋权利和枪支管理等关键的社会和文化问题上站在了美国主流观点的左边"。

由此可见，形象给人留下的影响很深刻，因而对人们的影响也最直接。我们知道，历史上，许多政治家为了得到民众的支持，达到自己的政治目的，做的第一件事便是了解民众的意愿，把握民众的心理，顺应民意，树立一个被大众认同并信任的领袖形象。

美国总统罗斯福年轻时，常常是一身花花公子打扮，给人留下玩世不恭的富家子弟形象。而在1910年，他为了竞选州参议员，一改往日的装束，以朴素、勤劳的形象出现在乡村的选民面前。为了获得更多选民的支持，他驾着一辆既无顶篷又无玻璃的汽车，在丘陵、田野和泥泞的小道上奔波不止，经常弄得一身雨水或者满身灰尘。有一次，车子在半路坏了，他就步行约两千英里，走遍了各个村庄、店铺，走访了每一户居民。罗斯福树立起来的新形象感动了村民，使他在竞选中大获全胜。

自信的神态、文雅的举止与得体的谈吐会让你看起来颇具风度，也更有魅力。

自信的神态会使人显得威严与干练，让追随者可以在领导者身上找到他们达到目标与理想的希望。因此，要对自己有充分的信心，在神态上表现出一位领导者对自己的事业与成功的把握，才能赢得追随者的信任及他人支持。文雅得体的行为举止体现的是一个人的沉稳与修养。领导者文雅的举止，毫无疑问将赢得人们的敬重与信赖。

总统肯尼迪在其就职典礼的仪式中注意到，海岸警卫队士官中没有一个黑人，便当场派人调查。在他就任总统不久，竟能胸有成竹地回答关于美国从古巴进口1200万美元糖的问题，此举令众人折服；他能注意到白宫返青的草坪上长出了蟋蟀草，便亲自告诉园丁把它除掉……这些很小的细节都让人们对他印象深刻。

总统罗斯福那惊人的记忆力让其他人望尘莫及。第二次世界大战中，有一条船在苏格兰附近突然沉没，原因却一直无法确定，不知是触礁还是遭到了鱼雷。罗斯福认为更有可能是触礁，为了支持这种立论，他滔滔不绝地背诵出当地海岸涨潮的具体高度以及礁石在水下的确切深度和位置。这使得许多人佩服不已。罗斯福还常常让人在一张只有符号标点而没有文字的美国地图上随意画一条线，他都能够按顺序说出这条线上有哪几个县。

身为一国总统，连全国每个县的县名和地理位置，乃至返青草坪上的蟋蟀草都注意到了，还会有什么东西落在他的视野之外呢？民众对能够关注这些细节的总统感到放心满意，从而产生信赖感，并由此相信这位领袖的目光能够关注到每一个民众的欢乐与痛苦。

注重细节并进行简明地指引也能使人具有魅力。有领导力的人能够激发民众的能量和渴求，并且用最简洁的语言表达出来。丘吉尔让人民相信1940年惨败后的英国还没有输掉战争，只是需要"热血、劳苦、热泪和汗水"几个词；罗斯福要带领美国人走出大萧条时期，他说："我们唯一畏惧的是畏惧本身"；列宁则对被战争弄得精疲力竭的俄国许诺：和平、土地和面包。领导者的这些词多么简洁，多么有力，使领导者的形象更有魅力！

内在魅力的自我修炼

要成为领导者，除了要在外表上包装自己，还要注重魅力的修炼，培养出自律、宽容、诚信等良好的品行。

自律

自律就是依据个人已经形成的道德理想和标准而进行的自主选择和自我约束。自律就是要克制自我的劣根性。不能自律的人很难取得成功。不懂得自律的人，即使能够成功，也会是昙花一现。

一个不能自我约束的人是无法成为优秀的领导者的。在人类历史上，道德是规范人的行为、调整人们相互关系的巨大力量。这种规范、调整作用就是通过人的自律实现的。自律是相对于纪律、法律等的外在约束而言的。同样面对抢劫的歹徒，有人会挺身而出，伸张正义，有人却袖手旁观，不闻不问；同样面对行贿者的金钱，有人可以婉言谢绝，有人则伸手笑纳……自律是通过社会的道德教化和个人的道德修养双重过程形成的。一个自律能力差的领导者是一个失败的领导者。由于领导者所处的特殊位置，意味着要比普通人面临更多的诱惑，而怎样控制自我，就成为衡量领导者个人魅力的标尺。试着想一个简单的问题，一个自律能力差的人，怎么会管理好一个群体，成为合格的领导者呢？

胸襟

胸襟是一股用尽天下之才、天下之利的气度，是对异己的包容、对陌生人的包容、对不如己者的包容。只有拥有宽阔的胸襟，才会形成一种从广处看人生的态度，让生命的境界变得高远，事业才能做大。领导者的胸襟应该像大海一样宽广，所以要想成为领导者，重要的一条是：无论遇到多大的挫折或困难，都要尽量处变不惊，泰然处之。

领导者不同于普通人的地方就是他是追随者的希望与期待，要和很多人打交道，不仅和本组织内部的人打交道，还要和与组织有往来的其他团体或个人打交道，而在与人沟通的时候，宽广的胸襟会很好地体现出独特的领导者气质。

美国前总统杰拉德·福特就职时，正值总统名声被尼克松弄得污秽不堪时。为了挡住记者们的唇枪舌剑，福特总统不惜自我嘲讽，借以保持良好的形象。记者们声称："他（指福特总统）的大脑曾经在打球时受伤变得愚钝。"他并没有恼羞成怒，而是召开记者招待会，再以戴上旧时球帽的做法含蓄地进行回击。福特的精明之处在于，他在报界攻击他的臀部大时已极尽可能地嘲笑了自己，在别人攻击他无能平庸时，已早早坦率承认了自己的平庸和无能。别人再杜撰他的笑话，当然只能是自讨没趣。这样的做法，不仅使得福特的总统形象毫发无损，还给人们留下了有修养、胸襟宽广的印象。

最有效的领导艺术是不必去强求别人怎么做，别人就会主动为你考虑，尽心尽力为你做到最好。而要达到这种境界，最不能缺少的就是宽广的胸襟。

你的追随者可能是精英分子，也可能是平庸之辈。由于每个人都有差异，能力的良莠不齐也就在所难免。在处理这些问题上如果没有一定的胸襟，将会面临巨大的危机。最理想的方式就是，既解决了部属的问题，还能够让部属高高兴兴地工作。要做到这些并不简单。可是作为领导者，你就必须做到。

热情

有时候，我们仿佛习惯了漠然和回避，不愿做出热情的举动，引起他人的注意，却完全没有想到，身边的人是多么希望热情之光的照耀。在部门每周的例会上，领导说完了话之后，同事们都习惯性地低下了头，很少有人说一些自己的想法和建议；在某些会议场合，我们习惯了坐在后排，任凭前面几排的座位空着，也要到角落里自己搬凳子坐；我们懒得在打开办公室的门之后，对已经就座的同事们充满热情地问好……是的，我们对谁都没有恶意，却常常成为"冷场"的罪魁祸首，而且这种冷场又是任何一个组织的领导者所不愿意看到的。

热情意味着与人为善、友爱、关心、尊重……更重要的是，热情的行动让人显得更加亲切。这也是赢得别人好感的因素。同时，总能保持热情的人拥有一种积极向上的力量，这种力量像一块磁铁，把伯乐、朋友、贵人带到你的身边。

黄总开的IT公司，最近很多员工士气低落。为此，黄总焦急万分。特地找到一位从美国归来的管理专家，精心设计了方案，包括野外郊游、业余聚会、私下交流。但一个月过去了，员工的工作激情还是没有明显变化。黄总着急了，气急败坏地抱怨员工"不识好歹"。

李总的公司却刚好相反，虽然规模不大，从没做过什么培训，但是每个员工都朝气蓬勃，因为李总每天都是第一个到公司，面带微笑，对每一个员工都能叫出名字。在员工眼里，李总是一个积极向上的老板，于是自然而然的也跟着乐观起来。

对人一直保持热情并不一定得到他人及时的回应，但是你的问候、你的微笑会潜入对方的心里，对对方产生无形的影响。

一个真正成功的人，往往懂得关心他人。当你平时对人的关心、鼓励日渐汇聚到一定程度时，总有人会发自内心地对你产生感激或者感恩之情，甚至会试图采取各种办法回报你，如果碰上一个能够回报你的机会，往往会毫不犹豫地行动起来。

孟子曰："爱人者，人恒爱之；敬人者，人恒敬之。"由此可见，如果你能够经常对别人表示出关心和爱护，那么别人对你也会有同样的举动。所以在生活中，无论你是否有求于对方，都应该对别人多一点关心，这样别人也会回报你更多的关心，如此一来你做事情就会多一些助力、少一些麻烦。当世上没有阻碍你前进的绊脚石时，达成目标那一天还会远吗？

……

与人适当保持距离，才能树立权威

俗话说："没有规矩不成方圆。"如果领导者对下属的态度过于亲密，就很容易使自己丧失威严，难以将管理落到实处。

日本八佰伴集团前总裁和田一夫在破产后痛心疾首地说："在这次破产中，我学到的第二点就是不能因为是兄弟、是一家人，在管理上就松手，做出人事任用上的错误判断。如果五年前我就拿出勇气更换社长的话……我深切地体会到，在残酷的生意场上，温情是致命伤。对于任何一个组织都是这样。人事任用上一旦讲了人情，将来就一定会出差错，甚至导致崩溃。"

从和田一夫的这番体会中，可以得出这样的结论：兄弟情谊、朋友义气是隐藏在组织管理中的一颗定时炸弹。

也许有人认为，领导者越是平易近人，越能和员工打成一片，称兄道弟，管理效果就会好。其实不然。权威是领导者无形的管理工具，失去权威只会让你变得平庸而软弱，进而导致人心涣散。拥有权威才能显示出领导者的尊严和不凡，也才能拥有真正的追随者。

卓有成效的领导者从来不问一个员工跟自己是否合得来，他们考虑的是员工究竟贡献了什么。著名经济学家亚当·斯密曾说过，来到公司的所有人都只有一个动力：纯粹的个人利益。这句话道出了公司和员工的原始动力都是各自的利益。就其本质而言，领导者和员工的关系就是一种雇佣关系，领导者为员工提供利益，员工则追随其后。因此，领导者和员工之间必须保持适当的距离。

与员工保持适当的距离并不是说不能和员工建立感情，相反，领导者应该和员工建立良好的人际关系，保持一种亲密的、有距离的工作关系，以大家都明了的规则处理工作，以此来避免员工间不必要的猜疑、嫉妒和紧张。领导者除了要与员工保持适当的距离，还应保持适度的神秘感，领导者不能把所有的情况都向员工公开。

总之，领导者若与员工的关系过于亲近，往往会带来许多麻烦，领导者只有适当、刻意地保持和员工的距离，才能避免不便，同时也利于自己树立权威，而这种权威对于领导者巩固自己的地位、推行自己的政策和主张是必需的。否则，员工就会因为轻视领导者的权威而懈怠、拖延，不利于开展工作。

因此，作为领导者要充分认识到这点，与员工建立一种既紧密合作又泾渭分明的管理关系，这样才能充分发挥管理的效用。

与员工保持距离，关键就在于拿捏好和员工相处的"度"，比较理想的做法有下面几点：

1.召集所有员工，用诚恳的语言告诉他们，你作为一名领导所坚持的立场。也许你在某些方面可能会做出令他们不乐意接受的规定或要求，尽管你对此也并不赞同，却不得不做。

2.努力向你的员工表现你的能力和热情，坦率承认自己的错误，不懂就问。

3.和员工保持距离，不要介入他们之间的是非，保证自己公平公正地对待每个人。

4.不要摆出一副高人一等的姿态，这会导致你和员工之间过于疏远，不利于工作的开展。

总之，领导者应该摆正自己与员工的位置，与员工打成一片和与员工称兄道弟是两个完全不同的概念。模糊自己与员工所扮演的角色的领导者不是一个成功的领导者，这在管理中是需要注意的问题。

······

既有亲和力，又有不怒而威的威仪

领导者如果高高在上，工作上不体恤下属的艰辛，生活上不关心下属的困难，情感上不过问下属的冷暖，这就背离了人性化管理的要求；领导者如果谦恭低调，却一味无原则地迁就下属，对下属的错误言行不予指正，逐渐助长下属的歪风邪气，致使他们不听指挥、不服管教、不受约束。那么，整个团队就是一盘散沙，无法有效地开展工作。

毋庸置疑，这两种极端做法都是要不得的。

日本松下电器创始人松下幸之助认为，企业领导者对待下属，应该像慈母的手紧握钟馗的利剑一样，平日里给予无微不至的关怀，犯错误时给予严厉的批评或惩罚，恩威并施、宽严相济，这样才能提高领导者的威信，从而成功地管理下属。

松下幸之助说，慈母的手、慈母的心，是每一个领导者都应该具备的。对于自己的下属，要真心地予以维护和关爱。因为他们是你的同路人，甚至是你的依靠。但同时还必须严厉，尤其是在原则问题和规章制度面前更应该严厉无比，分毫不让，对于那些违反了规章制度的下属，就应该举起钟馗剑，狠狠地砍下去，绝不姑息。

随身听是索尼公司最重要的电子产品之一。一次，一家分厂的产品出了问题，总公司不断收到客户的投诉。后来经过调查发现，原来是随身听的包装上出了点问题，但并不影响随身听的使用，分厂立即更换了包装，解决了客户投诉的问题。可是公司总裁盛田昭夫并没有就此罢手。

分厂厂长被叫到总公司的董事会议上，要求对这一错误作陈诉报告。在会上，盛田昭夫对该分厂厂长进行了严厉的批评，并要求公司上下引以为戒。这位厂长已经在索尼公司干了几十年，这是他第一次在大庭广众之下受到如此严厉的批评，所以他感到异常难堪和尴尬，禁不住失声痛哭起来。

会议结束后，他精神恍惚、有气无力地走出会议室，正考虑着准备提前退休。突然盛田昭夫的秘书把他叫住，热情地邀请他一块儿出去喝酒。在酒吧里，这位厂长不解地问："我现在是被总公司抛弃的人，你怎么还这样看得起我呢？"盛田昭夫的秘书回答说："董事长一点也没有忘记你为公司做的贡献，今天的事情也是出于无奈。会议结束后，他担心你为这事伤心，特地派我来请你喝酒。"

接着，秘书又说了一些安慰和鼓励的话，这位厂长极不平衡的心态这才稍稍缓和了一些，喝完酒，秘书又把他送回家。刚一进家门，妻子迎上来对他说："你真是一个备受总公司重视的人！"

这位厂长听了感觉很奇怪，难道妻子也来挖苦自己？这时，妻子拿出一束鲜花和一封贺卡说："今天是我们结婚20周年的日子，你都忘记了！"

这位厂长更加疑惑不解了："可是这跟我们总公司又有什么关系？"原来，索尼公司的人事部门对每位员工的生日、结婚纪念日等重要节日都有记录，每逢这样的日子，公司都会为员工准备一些鲜花、礼品。只不过今年有些特别，这束鲜花是盛田昭夫特意为这位厂长订购的，并附上了他亲手写的一张贺卡，以勉励这位厂长继续努力。

盛田昭夫不愧为一个恩威并重的高手，为了总公司的利益，他对下属的错误不能有丝毫的宽容，但考虑到这位厂长是位老员工，而且为索尼公司做出过突出贡献，为了有效地激励他改正错误，更加积极努力地为公司效力，又采取了请喝酒、送鲜花的方式对他予以安抚和鼓励。盛田昭夫这种恩威并重的管理方法，被很多人称为"鲜花疗法"。

那么，领导者如何做到恩威并施呢？

1.以人为本顺民意

领导者应该对下属多一些人文关怀，放下架子主动和下属多接触、多交流、多谈心，以清楚地了解他们的心理所需，并力所能及地给予他们帮助；切忌以领导自居，高高在上，对下属不闻不问，甚至拒人于千里之外。此外，领导者在做重要决策时要民主一些，主动征求下属的意见，以争取下属最广泛的理解和支持。

2.赏罚分明树正气

领导者如果有功不赏、有过不罚，必然无法鼓舞士气，激发下属工作的积极性，这样一来，整个企业团队就会逐渐丧失凝聚力和战斗力，必然导致政令不畅。因此，身为领导者，必须做到赏罚严明：赏要赏得众望所归，罚要罚得心悦诚服，这样才能树立起领导者的权威。

3.刚柔相济立威仪

对待下属，领导者应以亲善为主，面带微笑，让下属如沐春风。如果领导者总是冷若冰霜，一脸严肃，下属就会敬而远之。但是，领导者也不能做没有原则的老好人，对待下属的错误言行必须及时指出，晓之以理，动之以情。如果下属所犯的错误比较严重，必须予以相应的批评和惩罚。这样，领导者才会既有亲和力，又有不怒而威的威严。

......

发火不宜把话说过头，不把事做绝

有的员工犯了错，不愿承认，不愿认输，努力保全面子，一旦受到领导惩罚，便会对领导人记恨在心，甚至拿出"宁为玉碎，不为瓦全"的气概跟领导斗个天翻地覆。

一旦这种情况发生，不但员工无心工作，影响正常秩序，而且容易形成内部纷争，从整体上削弱团队的竞争力。

所以，领导者要懂得松弛有度，不能过度管理。

诸葛亮是严罚而不招恨的典范。他挥泪斩马谡，马谡在头颅落地前一刻还在感激丞相没有把他满门抄斩，而答应善抚他的妻儿的恩情。

诸葛亮治理蜀国时不用严刑峻法，不纵容奸小，而是坚持公心执法，让受罚者心服口服。

史称诸葛亮执法甚严，参谋法正看不过去便谏言说："以前汉高祖攻陷秦都咸阳时，公布《法三章》，受到苦于暴政的百姓欢迎。丞相何不也放宽法律，响应老百姓的期待？"

诸葛亮回答说："你只知其一，不知其二，秦朝老百姓苦于无道的暴政，所以汉高祖放宽法律才受到老百姓的欢迎，得到天下。但蜀之前主刘璋既不施恩惠也不科刑罚，施行极其优柔寡断、见风使舵的政治。我为了改善这种混乱的风气，所以采用严法，有功的人就赏，有罪的人就罚。治世要用大德，不能施小惠。刘璋每年都颁布大赦令，但老百姓不会珍惜，所以政治一塌糊涂。"

人们评价诸葛亮严罚而不招怨恨时说："只要立功，无论身份多么卑微，诸葛亮必赏之；如果犯罪，无论地位多么高，诸葛亮必罚之，绝对没有私心。正是这一点能够凝聚人心，促进团结。"

管理时不在乎你严不严，而在乎你公不公。武侯祠前的对联说得好："能攻心，则反侧自消，自古知兵非好战；不审势，则宽严皆误，后来治蜀要深思。"

一般人极爱面子，一旦感到受了羞辱，丢了面子，必然会千方百计伺机报复。一件很小的事处理不好都可能会记恨在心，所以领导者对下属的管理一定要张弛有度，不要以为下属现在对你言听计从就没有心怀不满。不论下属的职位多么卑微，都不要轻侮他，因为对他来说可能"君子报仇，十年不晚"。但是，管理时也不能因害怕招下属记恨而不施惩罚，下属是否会心怀怨恨不在于你罚他重不重，而在于你的处罚是否公平。只要你公正、公平，大多下属是会心悦诚服的。

领导者在工作中，不免有生气发怒的时候。发怒，显示领导者的威严，有时对下属构成一种震慑。应该说，对那种"吃硬不吃软"的下属，适时发火施威，常常胜于苦口婆心地劝导。

上下级之间的感情交流，不怕波浪起伏，最忌平淡无味。有经验的领导者在这个问题上，既敢于发火震怒，又有善后的本领；既能狂风暴雨，又能和风细雨。

在平时工作中，适度适时地发火是必要的，特别是对有过错的人帮助教育无效时，可以用领导者的权威压住对方。当领导者确实是为下属着想，而下属又固执不从时，领导发多大火，下属也会理解的。

但是，发火不宜把话说过头，不能把事做绝，而应注意留下补偿感情的余地，不然的话就起不到说服的目的了。领导人话一出口，在大庭广众之下，一言既出，驷马难追，而一旦把话说过头，则事后会骑虎难下，难以收场。所以，发火不应当当众揭短，伤人之心，导致事后费许多工夫也难挽回。

对当众说服不了或不便当众劝导的人，不妨对他大动肝火，这既能防止和制止其错误行为，又能显示出领导人具有的威严。但对有些人则不宜真动肝火，而应以半开玩笑、半训斥的方式去进行。使对方不能翻脸又不敢轻视，内心有所顾虑——假如领导认真起来怎么办？

另外，发火时要注意树立一种"热心"形象，要大事认真，小事随和，轻易不发火，发火就叫人服气，长此以往，领导者才能在下属中树立起令人敬畏的形象。令人服气的训斥总是和热情的关心帮助联系在一起的，领导者应在下属中形成虽然脾气不好，但心肠热的形象。

领导者发火谴责，不论方法多么高明，总是要伤人的，只是伤人有轻有重而已。因此，发火伤人后，要及时地善后处理。妥当地善后要选时机、看火候。过早，对方火气正旺，效果不佳；过晚，则对方积愤已久不好解决。因此，善后工作以选择对方略为消气，情绪开始恢复的时候为佳。

正确的善后，要视不同的对象采用不同的方法，有的人性格大大咧咧，领导发火他也不会放在心里，故善后工作只需三言两语，象征性地表示就能解决问题。有的人心思细腻，领导发火他能理解，也不需花大功夫去善后。而有的人死要面子，对领导向他发火会耿耿于怀，甚至刻骨铭心，此时善后工作则需细致而诚恳。对这种人要好言安抚，并在以后寻机通过表扬等方式予以弥补。还有的人量小气盛，则不妨使善后延期进行，在以后的工作中去逐渐感化他。

······

领导者要明确自己的"角色定位"

对于领导者而言，任何时候都是大家关注的焦点。你的一举一动都会传递出各式各样的信号。而周围的人也会因此而做出各种不同的解读和应对，管理就是这样一个人际互动的过程。

很多领导者经常跟员工讲："弟兄们，上班的时候我们是上下级，下了班咱们都是兄弟、哥们。"这句话说说可以，但是别当真。对一个领导者而言，只要你在员工面前，任何时刻你都是他们的上级，你与他们喝酒、唱卡拉OK都是工作的一部分。

假如一个经理下了班后和下属去酒吧喝酒、唱歌，然后喝醉了发酒疯，在那里呕吐得一塌糊涂，骂街、乱说话，借酒发疯，丑态百出。第二天早上清醒了，回到办公室说："不好意思，昨天那些是因为喝醉酒，是下班时间，到了上班时间我还是领导。"请问有用吗？你的威信已经完全没有了。

所以，对一个领导者而言，任何时刻都是领导者，哪怕你去员工家里作客都是一项工作。什么叫职业经理人？以管理为职业的人。既然以管理为职业，任何时刻你在下属面前都是领导。

在美国的军队里面，军官俱乐部和士兵俱乐部是严格分开的，士兵不许进军官俱乐部。他们知道，不能让士兵觉得，原来军官们喝完酒也是那副德性，那军官以后就没有管理威信了。

因此要特别留意，你周围的人随时随地都在注视着你，你的影响力比你想象的要大得多。一个领导者，在管理当中所扮演的角色主要有以下几个：

1.榜样

对于孩子来说，他的第一个榜样是父母，所以为人父母，你的第一个角色是孩子的榜样，他在学习你的一举一动，你在孩子身上会看到自己的影子。对于领导者来说，你的首要角色是成为下属的榜样，让他们从你的身上能看到他们的未来。身教重于言传，你今天所有的行为都会成为下属的模仿对象，因此领导者要严于律己。

什么人带什么兵。很多事情不光要让下属做到，领导者自己先要做到，这就是榜样的力量。我们从员工的表现上其实也能看出他们上级的管理特点甚至个人风格。尤其是一些个性色彩比较浓厚的领导者，他所带的队伍往往也是特点非常鲜明。

2.桥梁

一个组织其实是目标的集合体，也就是一群人为了一个共同的目标，聚集在一起协作。每一个组织，都围绕一个最核心的目标而存在。军队的目标是打胜仗，所以他们就围绕这个目标行动；企业的目标是赚钱、盈利。团队管理第一步就是从设定目标开始，因为人们要有一个共同的目标才能成为一个团队。当然，企业有目标，那么员工有没有个人目标？也有，员工也有自己的目标。企业的起点是人，终点是企业的目标。所以在员工与企业的目标之间，它需要有一个沟通的桥梁。对于领导者来说，你就是员工个人与企业目标之间的一个桥梁。

在一个团队当中，领导者所承担的不只是上下级之间的协调问题，还有一个左右之间的协调问题。领导者应该很清楚一件事情，你向谁汇报、请示？你指挥谁、领导谁？你跟谁协调、跟谁沟通？都应该很清晰，这就是管道或桥梁的作用。

3.教练

领导者就是员工的一面镜子，你要能够给下属指导，指引他成长，告诉他如何去发展。当他做了错事的时候，你要指导他、纠正他，并且教他正确的方法，让他能从你这里学习技能，传承经验，增长见识，获得反馈，不断进步，取得成绩。

领导者除了要担任以上三种角色，还有三项任务。

1.发挥员工的优势

如何把每一个员工的优势发挥出来，这是领导者要注意研究的。否则的话，一个员工本来很有能力，但领导者却不懂得知人善任。就像一台法拉利跑车，每天只以20公里/小时的速度行驶，没有把它的能量发挥出来，这是一种资源的浪费，而且员工也会因为没有成就感而离开。

2.保持团队的状态

领导者不但自己要保持最佳状态，还要让整个团队保持最佳状态。不管这个团队的技能基础如何，背景如何，如果不能保持一种积极、乐观、团结的状态，是很难在工作中取得好结果的。

3.达成团队的目标

领导者的任务就是达成公司的目标，同时也要帮助下属达成目标。管理工作就是通过成就别人来成就自己，通过帮助别人达成目标来达成自己的目标。领导者在中间起到的就是这样一个沟通桥梁和协调的作用。

4.时刻记得自己身为领导者的 "角色"

只要是公司的事情，事无巨细，都有一份责任。即使是完全在职责之外，态度和蔼地给予一些指引，也能表现出自己的成熟大度和礼节。

成功的领导者要做到以下几点：

第一个定位：懂得做人

品德高尚是成功之本。会做人，让别人喜欢你，愿意和你合作，才能成事。

第二个定位：善于做决策

决策是行使权力的主要表现形式，决策权是所有权力的核心，企业领导者的主要职责就是做决策。做决策本身就是一种比较、选择的过程。

第三个定位：相信自己

成功的企业领导者都有很强的信心，有时会有咄咄逼人的感觉。他们既会在自己的内心相信自己，也会在公众面前表现出这种自信心。他们没有自我怀疑的毛病，也不怨天尤人，热情而充满信心地面对新的挑战。

第四个定位：明确目标

目标给了你一个看得见的射击靶，它是构成成功的砖石。成功的企业领导者习惯于制定一个令下属追求的前景和目标，并将它转化为团队的行动，努力去完成或达到所追求的前景和目标。

第五个定位：充满热忱

热忱有时候比才能更为重要，若二者兼备，则取得成功的可能性更大。企业领导者的最大才能就是使人产生激情。对部属不断地给予称赞、鼓励，使员工精神振奋，不断进取。

第六个定位：顽强精神

成功的企业领导者懂得，在你放弃努力之前，你并没有真正地失败。世界上大多数重要的事情是由这样一些人完成的，他们对看起来毫无希望的事情仍然不断地努力。那些有成功欲望的人无论是顺利还是失败都会说：再来一次！

第七个定位：重视人才

企业最重要的资产是人，选适合的人，比选优秀的人更为重要，适才适所才是企业用人的最高准则。特别是重要的岗位，企业领导者往往都习惯于自己挑选。

第八个定位：充分授权

成功的企业领导者通常知道如何让别人做得比自己更好，习惯于把能找到的最优秀的人才留在身边，授予他们权力，不乱加干涉。

第九个定位：激励团队

组成一个优秀团队并不断地激励他们是一件非常重要的事情。一个成功的领导者必须是一个能激发起员工工作热情的人。

第十个定位：终生学习

作为领导者，一定要比你的竞争对手学习得更快。在商业竞争日趋激烈的今天，企业领导者面临着更新观念、提高技能的挑战，因此需要不断地学习。一个领导者只有不断地学习才会把企业经营得更好。

第十一个定位：持续创新

一个好的企业领导者决不会满足于维持现状。他们懂得，如果满足于现在的状况，就丧失了创新的能力，而创新则是企业发展的源泉。只有不断革新，企业才能繁荣昌盛，更加辉煌！

第十二个定位：扩展"人脉"

人脉已成为人际社会中个人成长、企业成事的重要条件和资源。身为领导者要促进人与人、群体与群体、企业与客户、企业与企业之间的互动，广泛扩展"人脉"。

第十三个定位：抓住机会

小小的机会往往是伟大事业的开始，当把握住机会时，机会就会越来越多。做好迎接机会的准备而机会没有来，总比有一个机会出现而你却没有做好准备要好。机遇永远青睐有准备的人！

第十四个定位：有效沟通

领导者与员工之间的有效沟通是管理艺术的精髓。比较完美的企业领导者习惯用约70%的时间与他人沟通，剩下30%的时间用于分析问题和处理相关事务。

第十五个定位：经营未来

许多人不成功是因为他们把大部分时间都花在了眼前的事情上，而没有时间去做那些较少但重要的事情。我们不妨用20%的时间去处理眼前那些事情，而把80%的时间留给那些较少而很重要的事情。

第十六个定位：赢得拥戴

一个企业领导人的梦想不管如何伟大，假如没有拥戴者的认同与支持，梦想依然也只是梦想。要赢得拥戴者的首要任务就是得到他们的认同，并找出他们共同的渴望是什么。

第十七个定位：勇于自制

高度的自制力是一种难得的能力。热忱是促使你采取行动的重要动力，而自制力则是指引你行动方向的平衡轮。它有助于你的行动，却不会破坏你的行动。一个有能力管好别人的人不一定是好的领导者，但一个好的领导者肯定是一个有能力管好自己的人。

第十八个定位：培养下属

成功的公司之所以成功，不仅是因为他们有好的领导者，还因为领导者善于培养下属，让他们有充分展示自己的机会，并把他们造就成领导者。

第十九个定位：注重家庭

成功的企业领导者常把婚姻比作登山的后援营地。他们在后援营地上所花的时间，绝不少于实际登山的时间，因为他们知道，他们的生存常常与后援营地是否牢固和存粮是否充足有关。

第二十个定位：经营健康

企业领导者通常必须在"不寻常的时间"中料理事物，如果你有某种宿疾，那么你的创业之路必定荆棘满布，困难重重。不会管理自己身体的人也不会有精力管理他人，不会经营自己健康的人也不能长久地经营自己的事业。成功的企业领导者通常习惯于为明天储备健康。